Schriften des Verbandes Deutscher Diplom-Ingenieure.

IV.

Entwickelungs-, Arbeiter- und Markt-verhältnisse des Tiefbaugewerbes

Von

Dipl.-Ing. Dr. phil. Friedrich Klein.

BERLIN W.
VERLAG VON M. KRAYN.
1910.

Entwickelungs-, Arbeiter- und Marktverhältnisse des Tiefbaugewerbes.

Schriften des Verbandes Deutscher Diplom-Ingenieure.

IV.

Entwickelungs-, Arbeiter- und Marktverhältnisse des Tiefbaugewerbes

Von

Dipl.-Ing. Dr. phil. Friedrich Klein.

BERLIN W.
VERLAG VON M. KRAYN.
1910.

Bezeichnung der benutzten Literatur.

1. Schmoller: Grundriß der Volkswirtschaftslehre.
2. Die Regelung des Arbeiterverhältnisses bei Vergebung öffentlicher Arbeiten, bearbeitet im Kaiserl. Statistischen Amt.
3. Siebeck, Dr. Oskar: Der Frohndienst als Arbeitssystem.
4. Boos, Heinrich: Geschichte der rheinischen Städtekultur.
5. Dörner, Dr. Max: Kommunale Submissionspolitik.
6. Habersbrunner, Dr. Franz: Lohn-, Arbeits- und Organisationsverhältnisse im deutschen Baugewerbe, mit besonderer Berücksichtigung der Arbeitgeber-Organisation.
7. Handwörterbuch der Staatswissenschaften.
8. Herkner: Die Arbeiterfrage.
9. Küssner, Pastor Dr.: Was sind wir unseren Kanalarbeitern schuldig?
10. v. Waltershausen, Sartorius: Italienische Wanderarbeiter.
11. Amtliche Mitteilungen aus den Jahresberichten der Gewerbeaufsichtsbeamten für Elsaß-Lothringen.
12. Jahresberichte der badischen Fabrikinspektion.
13. Imle, Dr. Fanny: Tarifverträge.
14. Imle, Dr. Fanny: Gewerbliche Friedensdokumente.
15. Die Tarifverträge der baugewerblichen Hilfsarbeiter bis zum Jahre 1907. Hamburg 1908.
16. Lebenshaltung und Arbeitsverhältnisse der deutschen Bauhilfsarbeiter, herausgegeben vom Hauptvorstand des Zentralverbandes der baugewerblichen Hilfsarbeiter Deutschlands. Hamburg 1908.
17. Flesch, Dr.: Was leistet der Arbeitsvertrag den Arbeitgebern?
18. Der Bau des Dortmund-Emskanals, bearbeitet im Auftrag des Herrn Ministers der öffentlichen Arbeiten.
19. Janssen, Reg.-Baumeister a. D. Th.: Submissionswesen und Tiefbaugewerbe.

20. Krause, Dr. M.: Zur Reform des Submissionswesens im Baugewerbe.
21. Huber: Submissionswesen.
22. Tiefbau, Organ der Tiefbauberufsgenossenschaft.
23. Verwaltungsberichte der Tiefbauberufsgenossenschaft.
24. Mitteilungen des Verbandes der deutschen Tiefbauunternehmer.
25. Deutsche Tiefbau-Zeitung, Organ des Verbandes der deutschen Tiefbauunternehmer.
26. Centralblatt für das deutsche Baugewerbe.
27. Arbeitgeber-Zeitung.
28. Soziale Praxis.
29. Badisches Gesetzes- und Verordnungsblatt.
30. Arbeiterstatut der Stadt Karlsruhe.
31. Korrespondenzblatt der Generalkommission der Gewerkschaften Deutschlands.
32. Centralblatt der Bauverwaltung.

Inhaltsübersicht.

Vorwort.

Die vorliegende Schrift entstand auf eine Anregung meines hochverehrten Lehrers, des Herrn Geh. Hofrat Prof. Dr. Gothein in Heidelberg. Das in ihr behandelte Gebiet ist bis heute monographisch noch wenig bearbeitet worden, wohl deshalb, weil die Persönlichkeiten, die vornehmlich dazu befähigt wären, ältere, vielseitig erfahrene Ingenieure, in ihrer angespannten Tätigkeit keine Zeit dazu finden können, während andererseits jemand ohne technische Bildung und Erfahrung den vorliegenden Stoff nur unter großen Schwierigkeiten hätte bearbeiten können. Obwohl ich noch nicht die Erfahrung besitze, die notwendig wäre, so habe ich es doch unternommen, an der Ausfüllung dieser Lücke in der Literatur mitzuarbeiten. Keine geringe Mühe verursachte die Zusammentragung der Unterlagen, da einerseits bei allen statistischen Veröffentlichungen das Tiefbaugewerbe nicht besonders aufgeführt wird, und mir andererseits von Unternehmerkreisen nicht immer das Entgegenkommen gezeigt wurde, das im Interesse der vorliegenden Arbeit nötig gewesen wäre. Ganz besonderen Dank schulde ich aber Herrn Geh. Hofrat Prof. Dr. Gothein in Heidelberg, Herrn Ingenieur Dr. M. Krause in Berlin, der Tiefbauberufsgenossenschaft, dem Verbande der deutschen Tiefbauunternehmer, dem statistischen Amt der Stadt Karlsruhe i. B., den Firmen Grün & Bilfinger A.-G. in Mannheim und Gebr. Goedhard A.-G. in Düsseldorf. Möge die Schrift recht viele Kollegen ansporen, Kritik daran zu üben, damit die deutsche Literatur bald im Besitze einer vollständigen und objektiven Darstellung des Tiefbaugewerbes ist.

I. Entwickelungsverhältnisse des Tiefbau-Gewerbes.

Das Tiefbaugewerbe gehört zu den Gewerben, die weder dem Handwerk noch den Fabrikbetrieben zugezählt werden können, sondern eine Klasse für sich bilden. Vom Handwerk unterscheidet es sich dadurch, daß es keine Lehrlinge ausbildet, also auch keine Gesellen und Meister schafft. Wohl spricht man von sogenannten Schachtmeistern, aber dieser Titel ist selbst geschaffen und steht mit keinem Handwerk in Verbindung und wird deshalb auch nicht beanstandet. Daß dem Tiefbaugewerbe andererseits alle Merkmale eines Fabrikbetriebes fehlen, ist auch dem Laien verständlich.

Nach § 2 der Statuten der Tiefbauberufsgenossenschaft werden folgende Arbeiten dem Tiefbaugewerbe zugerechnet:

1. Alle Eisenbahn-, Kanal-, Hafen-, Wege-, Straßen-, Chausseebauten nebst den dazu dehörigen Kunstbauten.
2. Brücken- und Kammerschleusenbauten, Docks, Hellinge und ähnliche Bauten.
3. Tunnel-, Schacht- und Stollenbauten, soweit solche nicht der Bergpolizei unterstehen.
4. Bagger- und Rammarbeiten für Bauten.
5. Festungsbauten.
6. Kanalisations-(Siel-, Schleusen), Wasser- und Gasleitungsanlagen, einschließlich der Reservoiranlagen, Kabelverlegungen.
7. Betonbauten, Gründungsarbeiten.
8. See-, Fluß- und Deich-(Damm-)Bauten, Uferbefestigungs- und Uferschutzarbeiten.
9. Meliorationsbauten, als: Be- und Entwässerungsanlagen, Aptierungs- Drainierungs-, Bodenkultur-Arbeiten.
10. Sonstige Erdarbeiten jeder Art.
11. Unterhaltung von Tiefbauten.

Die Zusammenlegung des Tiefbaues mit der Kulturtechnik ist nur künstlich und seinerzeit zum Zweck erfolgt, den gefahrvollen Tiefbau durch die gefahrlose Kulturtechnik zu entlasten.

Weitaus die meisten Produkte des Tiefbaugewerbes dienen nicht, wie die der übrigen Industrien und Gewerbe, privatwirtschaftlichen, sondern allgemeinen Interessen. Daher konnten Tiefbauarbeiten von Bedeutung erst zu einer Zeit entstehen, wo die Menschen seßhaft geworden waren, wo sich Dorf- und Stammesgemeinschaften gebildet hatten, wo friedlicher oder kriegerischer Verkehr unter den benachbarten Stämmen stattfand.

Soweit es sich an der Hand der Geschichte verfolgen läßt, waren die vorderasiatischen Völker, wie Inder, Perser, Babylonier, Assyrier und Ägypter, als älteste Kulturträger auch Träger und Beförderer der Technik, die damals, gestützt auf die mathematischen und naturwissenschaftlichen Fortschritte jener Tage, im Verteidigungs- und Kriegswesen, im Mauer-, Burgen-, Brücken-, Graben-, Gemeindehaus-, Markt-, Palast- und Tempelbau, in Cysternen, Brunnen und Wasserleitungen, im Kanal-, Wege- und Hafenbau ganz erstaunlich Großartiges geleistet haben. Der Bau der Pyramiden, die Nilregulierung und viele andere Bauwerke konnten nur ausgeführt werden unter der Leitung technisch weit vorgeschrittener Männer und vermittels großer Sklavenheere. „Kleine priesterliche und kriegerische Aristokratien und despotische Kriegsgewalten haben sie geschaffen, konnten sie nur schaffen als die ausgewählten Führer und Träger des technischen Fortschritts und die uneingeschränkten Gebieter über große beherrschte Massen von Sklaven, unterworfenen Völkern und zu harter Frohnarbeit gezwungener Volksgenossen. Kirchliche, militärische, technische Schulung durch lange Zeiträume hindurch, stabile Gesellschaftsordnungen für Jahrhunderte einerseits, furchtbare Knechtung und Mißhandlung der Menschen andererseits waren die Voraussetzungen.“ So erklärt Schmoller den Ursprung jener Ingenieurwerke.

Die Technik der asiatischen Völker eigneten sich später die Araber, Griechen und Römer an, und übertrafen teilweise jene noch durch ihre Großtechnik; besonders die Römer leisteten Bedeutendes auf dem Gebiete des Stein- und Gewölbebaus, im Straßen- und Wasserbau und in der Wasserversorgung. Wenn man bedenkt, daß Rom im ersten Jahrhundert nach Christus über Wasserleitungen verfügte, die ihm von weither täglich 60 Millionen Kubikfuß Wasser zuführten, eine Menge, die dreimal so groß ist, als die, die dem achtmal größeren London heute zur Verfügung steht, so muß man bekennen, daß auf diesem Gebiete damals die Technik auf einem Höhepunkt angelangt war. Während bei den asiatischen Völkern blos Staat und Gemeinde in der Technik so Großes geleistet haben, beginnt bei den Römern schon das Privatunternehmen sich zu entfalten; von Unternehmungsgeist und Gewinnabsichten geführt übernehmen einzelne reiche, über große Sklavenmassen verfügende Aristokraten die dem Staate obliegenden Aufgaben und entledigen sich derselben mit echt kaufmännischem Geist. Daß in jenen Zeiten schon ein bereits entwickeltes Unternehmertum vorhanden war, geht aus den aufgefundenen Inschriften und den Schriftstellern jener Epoche hervor. Auch die Form der Vergebung der öffentlichen Arbeiten gleicht mehr oder weniger dem heute noch vorherrschenden Submissionsverfahren. So erzählt Plutarch, daß die Städte bei Vergebungen von Tempelbauten den wählen, „der bei geringsten Kosten die beste und schnellste Ausführung verspricht“.[1])

Durch die Eroberungszüge der Römer wurde ihre Kultur auch den unterworfenen Ländern aufgezwungen; auch in Deutschland wurden umfassende Tiefbauarbeiten von ihnen zuerst ausgeführt; die von ihnen vorzüglich angelegten Straßen sind teilweise heute noch vorhanden, ihre Kastelle, ihr Limes sind Riesenarbeiten, denen nur die modernen Kanal- und Eisenbahnbauten an die Seite gestellt werden können. Erst mit der Schaffung von Weg und Steg war es den Römern möglich geworden, einen sicheren Verkehr und eine ständige Verbindung mit ihren in fernen Gegenden weilenden Truppen und Kaufleuten zu unterhalten, ein geordnetes Postwesen einzurichten.

Mit dem Untergang der römischen Herrschaft in Deutschland verschwand denn auch jeder Fortschritt in der Tiefbautechnik. Die unter sich uneinigen Völkerstämme, die damals Deutschland bewohnten, waren natürlich unfähig, irgendwelche Arbeiten im allgemeinen Interesse auszuführen. So war der Tiefbau bis ins Mittelalter hinein weit hinter der bereits vollendeten Großtechnik der antiken Zeit zurückgeblieben; keine Großstädte und kein Großhandel hat sich gebildet; der Verkehr war auf die natürlichen Gewässer und auf die nächste Umgebung beschränkt. Es wurde nur das Allernötigste gemacht; die Dorf- und Markgenossenschaften gruben gemeinsam ihre Brunnen, bauten armselige Wege, die nur für den Verkehr in nächster Nähe bestimmt waren, errichteten gemeinsam ihre Schutzwerke gegen Feinde, gegen Wasser und Lawinen etc. Noch im 15. Jahrhundert mußten z. B. in Breitenbach in Hessen neu aufgenommene Markgenossen schwören: „er sal unsern rechten hern geloben truwe unde

[1]) Die Regelung der Arbeitsverhältnisse bei Vergebung öffentlicher Arbeiten.

holt zu syne und iren schaden zu warnen, zu tag und zu nacht, unde welche zyt en des noid sy; he sal daß selbe geloben den nackeburn unde dem lantmann, he sol auch geloben, daß he wolle buwen wege und stege mit andern sin (en) nackeburn, alleine kan er nicht vele gemachen."[2]) Zu einer Zeit also, wo die übrigen Gewerbe schon zu blühen begannen, war der Tiefbau noch genossenschaftlicher Dienst, oder er gehörte zum servitium regis der Edelleute, das sie außer zur Heeresfolge und zu Naturalbeiträgen auch verpflichtete, für Bau und Unterhaltung von Straßen und Brücken zu sorgen.

Mit der Zunahme der Arbeitsteilung und des dadurch wachsenden Verkehrs beginnt der Tiefbau gewerbsmäßig betrieben zu werden und zwar meist noch in Verbindung mit den übrigen Baugewerben. Da die Gewerbe auf dem platten Lande erst im vorigen Jahrhundert zugelassen wurden, so spielte sich deren Entwickelung blos in den Städten ab, wo sie durch den Zunftzwang, der keine Konkurrenz zuließ, wenig gefördert wurden. „In den Städten ging seit Beginn des 17. Jahrhunderts alles, was man an Handel, Gewerbe, an Kapitalreichtum, an guten Traditionen, an Verbindungen besessen hatte, verloren, und man fiel in die alten, längst überwundenen naturalwirtschaftlichen Zustände zurück."[3]) Erst die gewaltigen politischen Umwälzungen am Ende des 18. Jahrhunderts, die technische und wirtschaftliche Entwickelung in der ersten Hälfte des 19. Jahrhunderts haben den Umschwung bewirkt. Bis zu diesem Zeitpunkt litt vor allem das Baugewerbe unter den hemmenden Fesseln der Zunft; dies zeigte sich öfters, wenn die Stadt eine größere Bauarbeit auszuführen hatte; sie war gezwungen, dieselbe der Zunft zu übertragen, die dann den einzelnen Handwerkern ihre Loose zuteilte. War die auszuführende Arbeit umfangreich und doch möglichst rasch herzustellen, so versagten die Zünfte vollständig, da es über die Grenze ihrer Leistungsfähigkeit hinausging. Die Städte sahen sich deshalb gezwungen, viele Arbeiten, besonders Tiefbauarbeiten, in eigener Regie auszuführen; sie besaßen gewöhnlich eigene Handwerker, Bauhöfe, Ziegeleien, Steinbrüche, Kalköfen etc.

In den Ländern, wo wichtige Tiefbauarbeiten, wie Kanalbauten, Seeuferschutzwerke, Flußkorrektionen etc. ausgeführt werden mußten, in Frankreich und in den Niederlanden, wo der Zunftzwang nicht so straff durchgeführt wurde, entstand bereits um die Mitte des 17. Jahr-

---

[2]) Grimm III. 355. Aus „Der Frohndienst als Arbeitssystem von Dr. Oscar Siebeck".

[3]) Heinrich Boos: Geschichte der rheinischen Städtekultur IV. S. 374.

hunderts ein Unternehmertum für Tiefbauarbeiten, das bald auch seine Tätigkeit nach Deutschland verpflanzte. Derartige Großunternehmen waren unabhängig von den Zunftgesetzen und wurden meist noch mit besonderen Privilegien ausgestattet. Die französischen Ingenieure, die in jener Zeit als die besten galten, wurden zahlreich von den deutschen Regierungen angestellt; diese rühmten denselben die großen finanziellen Vorteile, die die Übertragung der großen Bauarbeiten an die leistungsfähigen Generalentrepreneure in den Niederlanden und in Frankreich für die Verwaltungen brachten. So wollten sich denn auch die deutschen Verwaltungen, um Geld zu sparen, dieser Methode der Übertragung der Arbeiten an Großunternehmer bedienen. Nach dem Vorbilde Frankreichs und der Niederlande ließen sie die Ausführung der Bauten öffentlich an den Mindestfordernden versteigern. So erzählt Dr. Max Dörner in seinem Buche: Kommunale Submissionspolitik, daß im Jahre 1699 auf den Vorschlag des französischen Ingenieurs Robiano die kurpfälzische Regierung die Festungsbauten in Mannheim im ganzen an solche Generalentrepreneure öffentlich versteigert hat. Um möglichst viele Unternehmer herbeizulocken und deren gegenseitige Konkurrenz zu verschärfen, wurden vorher in vielen Städten des In- und Auslandes, insbesondere in den niederländischen Handelsplätzen, Plakate angeschlagen, die in deutscher und holländischer Sprache die Art und den Umfang der Bauarbeit darlegten und den Termin der öffentlichen Versteigerung, die Lizitation genannt wurde, bekanntgab. Der Erfolg war, daß der aufgestellte Voranschlag um mehr als 13 pCt. unterboten wurde, obwohl derselbe weit niedrigere Preise enthielt, als man vorher den wenig leistungsfähigen einheimischen Handwerkern bezahlen mußte. Das Ergebnis dieser Lizitation war natürlich von da an maßgebend für die Art der Beschaffung auch anderer Bedürfnisse des kurpfälzischen Hofes. Kapitalistisch und kaufmännisch wohl organisierte baugewerbliche Großunternehmer gab es damals auch bereits in Deutschland; so berichtet Dr. Dörner in oben erwähnter Schrift, daß eine Mannheimer Firma, Nauß & Prior, gleichzeitig den zweiten Orangerieflügel des Schwetzinger Schlosses, das Kaufhaus in Mannheim und die Festung Ehrenbreitstein erbaute. Derartige Großbetriebe bedurften, um sich entwickeln zu können, besonderer Privilegien; sie waren von den Zunftgesetzen eximiert, besaßen eine große Zahl eigener Handwerker aus allen Baugewerken, eigene Ziegeleien, eigene Kalköfen, Steinbrüche und Fuhrparks, nicht weil sie dadurch billiger arbeiten konnten, sondern weil sie sich nicht auf die Lieferungen der zünftlerischen Ziegel- und Kalkbrenner, Steinbrecher etc. verlassen konnten.

Die Ausnahmestellung, die die Behörden derartigen Großunternehmungen einräumten, war natürlich bedingt durch die Schaffung eines freien Wettbewerbs, auf Grund dessen die Arbeiten billiger und schneller hergestellt werden konnten als unter dem Zwange der Zunftgesetze, die den Preis vorschrieben. In erster Linie war bei der Veranstaltung einer Lizitation das Bestreben der Behörden darauf gerichtet, möglichst viel Geld zu sparen; äußerst selten wurden dabei sozialpolitische Fragen in Erwägung gezogen, wie sie in der heutigen Bauverträgen überall hervortreten. Dr. Dörner führt in seiner Schrift einen Baukontrakt an, der, was seine sozialpolitische Tendenz betrifft, modernen Verträgen an die Seite gestellt werden darf; weil er auch sonst ein treffendes Bild der damaligen Verhältnisse wiedergibt, möge er hier angeführt werden: Die kurpfälzische Regierung schloß im Jahre 1791 mit dem Oberstleutnant von Traitteur einen Vertrag über die Erbauung einer Wasserleitung von Rohrbach nach Mannheim ab, der folgenden § 20 enthielt: „. . . und gleich wie wir dem titl. von Traitteur und seiner Gesellschaft zur Belohnung und Aufmunterung ihres Diensteifers das ausschließliche Recht hiermit gnädigst erteilen, alle bei dermaliger Herstellung und künftiger Unterhaltung dieser ganzen Wasserleitung nötige und dahin bezughabende Arbeit allein zu fertigen und die dazu erforderlichen Materialien zu liefern, dabei auch gestatten, daß sie zu solcher Arbeit eigene Handwerksgesellen und, ohne an Handwerksmeister und deren Zunftartikel gebunden zu sein, dermal und in Zukunft annehmen, halten und gebrauchen können, so verbieten wir hiermit allen Handwerksmeistern bei unserer Ungnade und schwerer Strafe gedachten titl. von Traitteur und seiner Gesellschaft hierin die mindeste Störung und Eingriffe zu machen, sondern ihm und seiner Gesellschaft bei diesem für alle Zeit zugestandenen Rechte, welches er und seine Gesellschaft an andere, wann und wie sie es gut finden, zu Lebzeiten oder auch nach dem Tode käuflich oder durch Schenkung zu übertragen in jedem Falle berechtigt sein solle, ungestört zu belassen, in der Zuversicht jedoch, daß er auf einheimische Arbeiter und Handwerksgesellen, wenn diese ebenso gute und wohlfeile Arbeit zu liefern sich anbieten, vorzügliche Rücksicht nehmen werde.“ Dieser Paragraph charakterisiert die Ausnahmestellung solcher Großunternehmen im Baugewerbe jener Zeit und zeigt auch, daß der Konkurrenzneid der zünftlerischen Kleinunternehmer ihnen allerlei Schwierigkeiten zu machen versuchte, die wohl durch das Gefühl ihrer eigenen Ohnmacht manchmal recht gehässiger Natur gewesen sein mögen.

Die kleingewerblichen Bauunternehmer konnten jedoch im Verlaufe der folgenden Zeit immer weniger die Entwickelung der Großbetriebe aufhalten, besonders seit diese die größten Errungenschaften der Neuzeit, die Dampfkraft und die Elektrizität, sich dienstbar gemacht haben und dadurch immer unabhängiger von der physischen Arbeitskraft der Menschen wurden; ohne Hilfe der Maschinenarbeit wäre es heute unmöglich, die zahlreichen großen Tiefbauarbeiten in so verhältnismäßig kurzer Zeit auszuführen, da die erforderlichen Arbeiter nicht beschafft werden könnten. Durch Zeitersparnis aber wird bei der Herstellung der Verkehrswege das Volksvermögen bedeutend vermehrt.

Will man nun die Entwickelung der Kleinbetriebe des Tiefbaugewerbes verfolgen, so muß man den Werdegang des allgemeinen Baugewerbes betrachten, da es, wie bereits erwähnt, ehedem kein selbständiges Tiefbaugewerbe, keine Tiefbauzunft gab. Wie nun die Verhältnisse des Baugewerbes bis zum Anfang des 19. Jahrhunderts keine wesentliche Veränderung erfahren haben, so war auch das zünftlerische Tiefbaugewerbe stabil geblieben. Das preußische Edikt vom 2. November 1810, das zum erstenmal in Deutschland die Gewerbefreiheit verkündete, traf die Baugewerbe deshalb nicht, weil „zur Hintanhaltung gemeiner Gefahr“ deren Ausübung nur denen erlaubt war, die den Nachweis der zureichenden Kenntnisse erbrachten; auch durch die Gewerbeordnung vom 17. Januar 1845 wurde diese Bedingung aufrecht erhalten, und erst durch das Notgewerbegesetz vom 8. Juli 1868 und durch die Gewerbeordnung vom 21. Juni 1869 wurde die Ausübung der Baugewerbe vom Befähigungsnachweis unabhängig gemacht. Damit setzte eine neue Ära für die Baugewerbe ein; die durch die Zunftgesetze nun nicht mehr geschützten Kleinhandwerker hatten einen schweren Stand. In dem infolge der Gewerbefreiheit entstehenden allgemeinen Wettbewerb hat sich ein neuer Stand gebildet, der der Bauunternehmer; die Zahl derselben wuchs rasch an sowohl im Hochbau- als im Tiefbaugewerbe. Dieses brachte infolge der zahlreichen Eisenbahnbauten besonders viel Arbeitsgelegenheit; manche gaben das Hochbaugewerbe völlig auf, um sich ganz dem Tiefbau zu widmen, unzählige kamen hinzu, die früher überhaupt dem Baugewerbe völlig fern gestanden waren, um bei den scheinbar einfachen Massenarbeiten ihr Glück zu versuchen, sei es, daß sie selbst die Arbeit ausführten, sei es, daß sie dieselben wieder in kleine Loose teilten und an andere wieder gegen Gewinn abtraten. Mancher intelligente Arbeiter, der erst mit Schaufel und Spitzhacke gearbeitet hatte, übernahm später auf eigene Rechnung erst kleine Loose, dann größere und wurde schließlich infolge der stets wachsenden Erfahrung auf diesem Gebiete ein auch von den Behörden geschätzter Unternehmer. Andere wieder, oft zweifelhafte Existenzen, nahmen es mit der neuen Tätigkeit nicht ernst, unterboten die reellen Unternehmer, weil sie meist nichts zu verlieren, nur zu gewinnen hatten. Unter diesen Verhältnissen mußten auch die unfreiwillig zum Bauunternehmer gestempelten Baugewerksmeister dem mehr und mehr wachsenden Einfluß des Kapitalismus unterliegen, sollten nicht ihre eigenen Interessen darunter notleiden. Infolgedessen änderte sich auch das Verhältnis zwischen Bauherrn und Bauausführer; der alte Baugewerksmeister, der seine Arbeiten gewissermaßen als Angestellter des Bauherrn ausführte, hatte ein Interesse daran, diesen als Kunden zu erhalten; jetzt aber mußte er darauf sehen, an Materialersparnissen, an Lohndrückereien etc., möglichst viel für sich herauszuwirtschaften, um in dem scharfen Konkurrenzkampf nicht ruiniert zu werden[4]). Eine unmittelbare Folge davon war, daß auch das alte patriarchalische Verhältnis zwischen Meister und Gesellen sich änderte; waren früher deren Interessen gemeinsam, so verliefen sie jetzt diametral zu einander zum großen Bedauern vieler ehrbarer Baugewerksmeister, die immer noch glaubten, die alte Zunftverfassung wieder herstellen zu können; wiederholt reichten sie Petitionen ein, in denen sie um Wiedereinführung des status quo ante ersuchten. Es entstand eine Organisation der Baugewerksmeister zu diesem Zwecke, und vor allem auch, um dem völlig in Verruf geratenen Stand wieder das frühere Ansehen zu verschaffen und das gute Einvernehmen zwischen Meister und Gesellen wieder herzustellen. Das Lehrlingsschulwesen, die Lehrlingskrankenkassen verdanken der Opferwilligkeit der organisierten Baugewerksmeister ihre Entstehung. Die Gründung einer beruflichen Unfallversicherung wurde wiederholt angestrebt, scheiterte aber immer wieder dadurch, daß die Regierung die Genehmigung von der Stellung einer Kaution von 600 000 Mark abhängig machte. Schließlich wurde dann durch das Reichsunfallgesetz vom 6. Juli 1884, das nicht zuletzt sein Zustandekommen der Initiative der organisierten Baugewerksmeister verdankte, neben den Baugewerksberufsgenossenschaften auch eine selbständige Tiefbauberufsgenossenschaft ins Leben gerufen. Auch durch Bildung von Arbeiterausschüssen suchten die Baugewerksmeister ein besseres Verhältnis zwischen Arbeitgeber und Arbeitnehmer wieder herzustellen, aber die sozialistische Propaganda hatte diese schon erfaßt, und die in dem

[4]) Vgl. Dr. Franz Habersbrunner: Lohn-, Arbeits- und Organisationsverhältnisse im deutschen Baugewerbe mit besonderer Berücksichtigung der Arbeitgeber-Organisation.

kommunistischen Februarmanifest von Marx und Engels im Jahre 1848 dargelegten Ideen, haben schnell die Arbeiter durchdrungen, so daß sich die Regierungen gezwungen sahen, das Koalitionsverbot der arbeitenden Klassen aufzuheben; Sachsen machte schon 1861 den Anfang und im Jahre 1869 wurde mit der Gewerbeordnung auch das Koalitionsverbot durch den § 152 des Gewerbegesetzes allgemein aufgehoben. Die nächste Folge dieses Paragraphen war eine allgemein einsetzende Organisationstätigkeit der Arbeitnehmer, die jetzt durch einheitliche Arbeitseinstellungen ihre Arbeits- und Lohnverhältnisse zu verbessern suchten. Wollten jetzt die Arbeitgeber in den entstehenden Kämpfen nicht unterliegen, so waren sie gezwungen, den Arbeitervereinigungen eine Gegenorganisation gegenüberzustellen; eine solche war die bereits erwähnte Vereinigung der Baugewerksmeister, die sowohl Hoch- als Tiefbaugewerbetreibende umfaßte. Soll eine Organisation wirksam sein, so muß sie lückenlos sein; im Baugewerbe aber war eine Vereinigung sämtlicher Berufsgenossen jetzt ganz unmöglich geworden, da in den Verband der Baugewerksmeister die Mehrzahl nicht aufgenommen werden konnte, weil sie die Hauptbedingung der Aufnahme, das Erbringen des Befähigungsnachweises, nicht erfüllen konnten. So waren die Arbeitgeber selbst in zwei sich feindlich gegenüberstehende Lager geteilt, von denen das der unzünftigen Unternehmer unter sich überhaupt keine Fühlung hatte. Die Preisbildung erfolgte lediglich unter dem Einfluß des stets wachsenden Konkurrenzkampfes, was wieder zur Folge hatte, daß der Gegensatz zwischen Kapital und Arbeit sich immer mehr verschärfte. Günstig allein wirkte der Umstand, daß infolge des ungeheuren Aufschwunges, den die deutsche Industrie in der zweiten Hälfte des vorigen Jahrhunderts machte, die Arbeitsgelegenheit ungemein gewachsen ist, so daß die Zahl der Unternehmer in keinem allzu krassen Mißverhältnis zur Zahl und zum Umfang der auszuführenden Arbeiten stand. Die Trennung des kleingewerblichen Tiefbaugewerbes vom übrigen Baugewerbe nahm immer mehr zu, da sich ja jetzt immer mehr Gelegenheit bot, im Tiefbau ständig beschäftigt zu sein. Man denke nur, welche Menge Arbeit allein die enormen Eisenbahnbauten, Kanalbauten, Kanalisationsanlagen etc. für das Tiefbaugewerbe brachte; auch Kleinunternehmer konnten sich an diesen Arbeiten vielfach beteiligen, da sie meist in kleineren Loosen vergeben wurden, deren Bewältigung nicht über ihre Leistungsfähigkeit hinausging.

Da zu den zahlreichen bedeutenden Tiefbauarbeiten auch eine ungeheuer große Zahl von gelernten und ungelernten Arbeitern erforderlich war, so herrschte mehr oder weniger Arbeitermangel, und mußten aus diesem Grunde auch gute Löhne bezahlt werden, so daß die Geschichte des Tiefbaugewerbes bedeutend weniger von Lohnkämpfen zu erzählen weiß, als die des verwandten Hochbaugewerbes. Die Arbeiter des Tiefbaugewerbes setzen sich auch aus ganz anderen Elementen zusammen, als die des Hochbaugewerbes.

Das Tiefbaugewerbe ist Saison- und gewissermaßen auch Wandergewerbe und beschäftigt hauptsächlich ungelernte Arbeiter, die oft nach Fertigstellung des Bauwerks sich wieder in alle Richtungen zerstreuen, sei es, daß es nun in der Nähe ansässige Kleinbauern, sei es, daß es Wanderarbeiter oder Ausländer sind. In einer solchen ungeordneten Masse kann natürlich auch nicht leicht eine Organisation entstehen. Die Organisationslosigkeit der Tiefbauarbeiter scheint neben der Eigenart der Absatzverhältnisse der Tiefbauprodukte der Hauptgrund zu sein, weshalb sich die Tiefbauunternehmer bis heute noch nicht veranlaßt sahen, sich enger zusammenzuschließen, wie viele Industriezweige, die die angespannte Marktlage und fast lückenlose Arbeiterorganisierung dazu gezwungen haben.

Angebot und Nachfrage, die Grundhebel jedes Marktes, basieren in der Industrie auf ganz anderen Voraussetzungen als im Tiefbaugewerbe. Vor allem sind dessen Produktionsverhältnisse grundverschieden von denen der Industrie und anderen Gewerben; diese produzieren Waren, die oft noch nicht bestellt oder verkauft sind und manchmal erst nach Jahren konsumiert werden, das Tiefbaugewerbe dagegen, dessen Produkte aus Immobilien bestehen, die mit Grund und Boden des Produktionsortes fest verbunden werden, kann nur nach der Bestellung der Waren dieselben herstellen, wie es zur Zunftzeit auch bei den übrigen Gewerben der Fall war. Das Tiefbaugewerbe arbeitet also noch gewissermaßen für einen ganz bestimmten Kundenkreis; darin liegt auch die Hauptursache, weshalb das Tiefbaugewerbe bis heute noch nicht die Kleinbetriebe ausschalten konnte, wie die Industrie, obwohl seine technischen Fortschritte mit denen der Industrie gleichen Schritt gehalten haben. Die kleinen Betriebe werden vielmehr auch in Zukunft aller Voraussicht nach eine gewisse Berechtigung behaupten können, wenn sie auch nur lokale Bedeutung behalten werden.

Die Zahlen, die die Tiefbauberufsgenossenschaft aufgestellt hat, zeigen, daß im Tiefbau der Kleinbetrieb, was deren effektive Anzahl betrifft, sogar noch weitaus vorherrscht. Die von dem sozialdemokratischen Parteitag zu Erfurt aufgestellte Behauptung, daß die Kleinbetriebe notwendigerweise den Großbetrieben und dem Großkapital unterliegen müssen, wird in Bezug auf das Tiefbaugewerbe unhaltbar sein. Durch die alljährlich erscheinenden Verwaltungsberichte der Tiefbauberufsgenossenschaft ist es uns möglich, die Entwickelungsverhältnisse des Tiefbaugewerbes innerhalb der letzten Jahre eingehend zu verfolgen, und daraus Schlüsse für dessen Weiterentwickelung zu ziehen[5]).

Die Zahl der gewerblichen Mitglieder, das ist also der Tiefbauunternehmungen, abgesehen von den Eigenbetrieben der Staaten, Kommunen und anderer öffentlichen Korporationen betrug

im Jahre 1890	3425
„ „ 1900	3047
„ „ 1904	3359
„ „ 1905	3168
„ „ 1906	3171
„ „ 1907	3140
„ „ 1908	3139

Welche Bedeutung die Eigenbetriebe der Staaten etc. gerade im Tiefbau besitzen, geht aus folgenden Zahlen hervor.

Es waren bei der Tiefbauberufsgenossenschaft angemeldet

im Jahre 1904	1587 Eigenbetriebe
„ „ 1905	1564 „
„ „ 1906	1645 „
„ „ 1907	1531 „
„ „ 1908	1476 „

Hierbei ist noch zu bemerken, daß die größeren Staaten ihre Eigenbetriebe nicht bei der Tiefbauberufsgenossenschaft versichern.

Die Anzahl der durchschnittlich bei den Tiefbauunternehmungen beschäftigten Personen betrug

im Jahre 1890	rund	104 000 Personen
„ „ 1900	„	193 000 „
„ „ 1904	„	204 000 „
„ „ 1905	„	220 000 „
„ „ 1906	„	244 000 „
„ „ 1907	„	268 000 „

Die an diese Personen bezahlten Lohnsummen betrugen

im Jahre 1888	56 915 006 Mark
„ „ 1889	74 197 492 „
„ „ 1890	69 548 155 „
„ „ 1891	77 423 878 „
„ „ 1892	80 575 745 „

[5]) Vgl. in folgendem auch den Aufsatz: Tiefbauunternehmer und Kartelle im „Tiefbau“ vom April 1908 von Reg.-Baumeister a. D. Th. Janssen.

im Jahre	1893	. . . . 84 592 782	Mark
„ „	1894	. . . . 86 881 353	„
„ „	1895	. . . . 76 328 630	„
„ „	1896	. . . . 81 157 527	„
„ „	1897	. . . . 89 010 518	„
„ „	1898	. . . . 100 441 186	„
„ „	1899	. . . . 112 588 049	„
„ „	1900	. . . . 124 077 235	„
„ „	1901	. . . . 118 484 593	„
„ „	1902	. . . . 114 446 782	„
„ „	1903	. . . . 121 135 237	„
„ „	1904	. . . . 134 721 438	„
„ „	1905	. . . . 150 070 085	„
„ „	1906	. . . . 170 045 871	„
„ „	1907	. . . . 191 488 000	„

In 20 Jahren 2 114 130 422 Mark Löhne.

Diese gewaltigen Zahlen, wie sie wenig andere Gewerbe und Industrien aufzuweisen haben, geben ein Bild von der stets wachsenden Bedeutung des Tiefbaugewerbes für die deutsche Volkswirtschaft. Obige Summen stellen lediglich die von den Unternehmern an die Arbeiter und das Aufsichtspersonal bar gezahlten Löhne dar. Wollte man die für alle Tiefbauarbeiten jährlich aufgewendeten Summen zusammenstellen, würde man sicher auf einige Milliarden Mark kommen.

Verfolgen wir nun die Änderungen der Zahl der gewerblichen Unternehmer und vergleichen hiermit die Bewegung der Zahl der Arbeiter und der Lohnsummen, so kommen wir zu folgendem Resultat: Von 1890 bis 1900 hat die Zahl der gewerblichen Tiefbauunternehmer um 378 abgenommen, während die Zahl der beschäftigten Personen um rund 89 000 zugenommen, und die Lohnsumme sich verdoppelt hat. Von 1900 bis 1904 hat sich die Zahl der Unternehmer wieder um 312 vermehrt, die Zahl der beschäftigten Personen um rund 11 000, die Lohnsumme um rund 11 000 000 Mark. Von 1904 an zeigen die Zahlen der gewerblichen Unternehmer eine ständige Abnahme — bis 1908 um 220 Mitglieder —, die Zahl der beschäftigten Personen und die Lohnsummen dagegen eine stetige Zunahme; von 1904 bis 1908 vermehrte sich die Arbeiterzahl um rund 64 000, ihre Löhne in der gleichen Zeit um rund 57 000 000 Mark.

Welche Unsicherheiten das Tiefbaugewerbe den Unternehmern bietet, und wie sehr die Spekulation dadurch gefördert wird, zeigt der große Wechsel der Unternehmer; mindestens 10 pCt. aller Tiefbauunternehmer scheiden im Jahre aus, weil sie ihre Rechnung nicht gefunden haben, oder treten neu hinzu, in der allerdings meist unbefriedigten Hoffnung, sich auch einen Teil der für Tiefbauarbeiten ausgeworfenen Summen zu sichern.

Im Jahre	1900	traten	420	Unternehmer	neu hinzu,	258	gingen ab,
„ „	1904	„	360	„	„ „	551	„ „
„ „	1905	„	346	„	„ „	343	„ „
„ „	1906	„	400	„	„ „	431	„ „
„ „	1907	„	342	„	„ „	343	„ „

Nach den Verzeichnissen der gewerblichen Mitglieder der Tiefbauberufsgenossenschaft, welche allerdings erst seit 1899 am 1. Juli jeden Jahres zusammengestellt worden sind, betrug am 1. Juli 1900 die Mitgliederzahl 2986, die höchste Katasternummer war 8866, und von den im Jahre 1890 vorhandenen Mitgliedern waren im Jahre 1900 nur noch etwa 800 vorhanden. Am 1. Juli 1906 betrug die Mitgliederzahl 3069, die höchste Katasternummer war 10 869, von den im Jahre 1890 vorhandenen Mitgliedern waren nur noch rund 500, und von den bis 1900 zur Anmeldung gekommenen 8866 Tiefbauunternehmern waren nur noch 1723 vorhanden. „Diese Zahlen reden eine nur zu deutliche Sprache von dem starken Wechsel, der großen Unstetigkeit und der wirtschaftlichen Schwäche im Tiefbaugewerbe. Wie viele Tiefbauunternehmer aus Mangel an Verdienst bzw. in Folge von Verlusten das Gewerbe wieder aufgegeben haben, darüber fehlt leider eine Statistik. Diese würde aber zweifellos ein trauriges Bild von wirtschaftlichen Mißerfolgen zeigen; denn es ist eine bekannte, wenn auch öffentlich noch nicht ausgesprochene Tatsache, daß die meisten Tiefbauarbeiten, welche im Wege der öffentlichen Ausschreibung vergeben werden, dem betreffenden Unternehmer Verluste bringen.“[6])

Die bedeutende Zunahme der Lohnsummen, die nach dem allgemeinen wirtschaftlichen Niedergang der Jahre 1901 und 1902 erfolgte, hat seine Ursache einerseits in der Steigerung der Löhne und andererseits in der Vermehrung der Bauarbeiten. Wieviel auf die Steigerung der Löhne entfällt, hat die Tiefbauberufsgenossenschaft für die letzten Jahre zusammengestellt. Von den gegen das Vorjahr nachgewiesenen Löhnen entfielen auf Lohnerhöhungen

im Jahre	1904	rund	4 000 000	Mark
„ „	1905	„	5 800 000	„
„ „	1906	„	6 600 000	„
„ „	1907	„	8 300 000	„

[6]) Reg.-Baumeister a. D. Janssen im bereits erwähnten Aufsatz im „Tiefbau“.

Die Jahreslohnsumme eines Vollarbeiters, dessen Tätigkeit zu 300 Tagen angenommen wird, zeigte in den letzten Jahren eine stets steigende Tendenz. Der Durchschnittsjahreslohn eines Vollarbeiters stieg

von 991 M.	im Jahre	1903	auf 1022 M.	im Jahre	1904
„ 1022 „	„ „	1904	„ 1063 „	„ „	1905
„ 1063 „	„ „	1905	„ 1112 „	„ „	1906
„ 1112 „	„ „	1906	„ 1166 „	„ „	1907

also durchschnittlich eine Zunahme von Jahr zu Jahr von 4—5 Prozent.

Über die Art und Weise, wie sich die Lohnsummen auf die gewerblichen Mitglieder der Tiefbauberufsgenossenschaft verteilen, gibt folgende Tabelle Aufschluß:

Es bezahlten

0	M. Löhne i. J.	1899	427	Mitgl. i. J.	1905	421	Mitgl.
1000—5000	„ „ „	1899	1154	„ „	1905	800	„
10 000—20 000	„ „ „	1899	356	„ „	1905	474	„
20 000—50 000	„ „ „	1899	323	„ „	1905	428	„
50 000—100 000	„ „ „	1899	171	„ „	1905	222	„
100 000—200 000	„ „ „	1899	121	„ „	1905	159	„
200 000—500 000	„ „ „	1899	51	„ „	1905	101	„
500 000—1 000 000	„ „ „	1899	28	„ „	1905	23	„
1000000—2000000	„ „ „	1899	1	„ „	1905	13	„
über 2 000 000	„ „ „	1899	1	„ „	1905	1	„
			2986	Mitgl.		3069	Mitgl.

Die vorliegenden Zahlen dokumentieren vielleicht am besten die Entwickelungsverhältnisse des Tiefbaugewerbes. Rund 14% der Mitglieder waren ohne jede Beschäftigung. Die ganz kleinen Betriebe mit einer Lohnsumme unter 5000 Mark betrugen im Jahre 1899 noch 38,6%, also noch über ein Drittel der sämtlichen Unternehmer, während 1905 nur noch 26% zu dieser Kategorie zu zählen waren. Die Betriebe von 5—20 000 Mark betrugen im Jahre 1899 23,1%, 1905 29,3%, und diejenigen mit 20—100 000 Mark 1899 16,5%, 1905 9,2%. Die eigentlichen Großbetriebe mit Lohnsummen über 1 000 000, machten 1899 erst 0,07% aus, während sie 1905 schon 0,46% betrugen, und dieser Prozentsatz seither weiter gestiegen sein dürfte. Die Firma Philipp Holzmann & Co., G. m. b. H., in Frankfurt a. M. wies im Jahre 1906 allein 7 735 842 Mark Löhne nach.

Es erhellt also hieraus, daß die Kleinbetriebe mit Lohnsummen bis 100 000 Mark im Tiefbaugewerbe noch weitaus vorherrschen; im Jahre 1899 72%, 1905 76,5%, und daß die größeren Betriebe mit einer

Lohnsumme bis 1 000 000 zwar noch eine sehr bescheidene Rolle spielen, was ihre Zahl betrifft, aber doch im Ansteigen begriffen sind; im Jahre 1899 betrugen sie 6,8%, im Jahre 1905 schon 9,7% aller Betriebe. Großbetriebe mit einer Lohnsumme über 1 000 000 zählte man 1899 nur 2, während 1905 bereits 14 vorhanden waren, ein Zeichen, daß im Tiefbaugewerbe die Tendenz zum Großbetriebe immer deutlicher zutage tritt. Es bleibt nun noch übrig, die Tatsachen näher zu beleuchten, die diese Tendenz rechtfertigen, und die Vorteile und Nachteile darzulegen, die der Großbetrieb im Tiefbaugewerbe dem Kleinbetrieb gegenüber bringt.

Das Tiefbaugewerbe kann mit der Industrie, die Halbfabrikate zu fertigen Waren verarbeitet, verglichen werden; der einzige Unterschied besteht darin, daß deren Produkte als mobile Handelsware auf Vorrat hergestellt werden können, während die des Tiefbaugewerbes nur auf Bestellung produziert werden können; dadurch ist wieder ein weiterer Unterschied bedingt, daß nämlich die Produkte des Tiefbaugewerbes nicht nach einem bestimmten Modell hergestellt werden können, sondern jeweils jedes einzelne für sich, wie es gerade die Beschaffenheit der Örtlichkeit verlangt. Als Veredelungsindustrie ist das Tiefbaugewerbe abhängig von der Rohstoff- und Halbfabrikatindustrie und ist deren Preisbildung unterworfen; hauptsächlich kommen hier in Betracht die Industrie der Steine und Erden und die Eisenindustrie. Da diese aber meist schon längst in Syndikaten kartelliert sind, sind sie in der Lage, die Preise für die Rohstoffe und Halbfabrikate vorzuschreiben, unabhängig von der Lage des Weltmarktes. Es ist nun für den Tiefbauunternehmer äußerst wichtig, für längere Zeit diesen Preis konstant zu erhalten, um auf ihm, als Grundlage für seine Offerten, seine Kalkulationen aufbauen zu können. Den Rohstoffpreis kann er aber nur dadurch auf bestimmte Zeit für sich festlegen, daß er mit dem betreffenden Syndikat einen Lieferungsvertrag abschließt, in dem er sich zur Abnahme eines bestimmten Quantums innerhalb einer bestimmten Zeit verpflichtet, und oft muß er sich auch noch dazu verstehen, nur Syndikatsware in seinem Betriebe zu verwenden. Je größer der Abschluß ist, um so höherer Rabatt, eine um so höhere Umsatzprämie wird gewährt; außerdem ist das Syndikat leistungsfähig, kann pünktlich liefern und bietet Gewähr für gute Qualität der Waren. Alle diese Vorteile, die ein solch größerer Lieferungsvertrag für den Tiefbauunternehmer mit sich bringt, kann ein Kleinbetrieb sich nicht zunutze machen. Da es die Betriebstechnik der Syndikate mit sich bringt, ihre Erzeugnisse nur in großen Mengen zu vertreiben, sind die kleineren Tiefbauunternehmer gezwungen, ihren Bedarf an Rohstoffen und Halfabrikaten entweder von Großhändlern oder von Fabriken, die außerhalb des Syndikats stehen, zu kaufen. Im ersten Fall müssen sie dann, da es sich um kleinere Mengen handelt, natürlich einen erhöhten Preis bezahlen, im zweiten Fall sind sie, selbst wenn sie so billig kaufen wie vom Syndikat, oft dadurch im Nachteil, daß die einzelne Fabrik weniger leistungsfähig ist und ihre Lieferungen nicht rechtzeitig ausführen kann, so daß dem Unternehmer Stockung der Arbeit und dadurch Konventionalstrafen drohen. Beim Zementbedarf wird zudem dem Unternehmer von der Bauherrschaft oft vorgeschrieben, eine ganz bestimmte Syndikatsmarke zu verwenden, so daß dem kleinen Unternehmer nichts anderes übrig bleibt, als vom Großhändler zu beziehen. Alle diese Momente wirken natürlich ungemein ungünstig auf die Konkurrenzfähigkeit des Kleinunternehmers gegenüber dem Großunternehmer, zumal auch dessen Kalkulation der Offerten durch die Unsicherheit der Rohstoffpreise erschwert wird und zu unvorhergesehenen Verlusten führen kann. Manche Großunternehmer sind überhaupt von der Frage der Beschaffung der Rohstoffe entbunden, indem sie entweder einflußreiche Kapitalisten oder Selbstbesitzer von Rohstoff-Fabriken sind. Umgekehrt kann man auch beobachten, daß manche Rohstoff- und Halbfabrikatunternehmen den Veredelungsbetrieb aufgenommen haben. So haben einige Zementfabriken die Ausführung von Beton- und Eisenbetonbauten aufgenommen; dann gibt es Eisenwerke, die zugleich Eisenkonstruktionen und Brücken samt allen erforderlichen Tiefbauarbeiten ausführen. Daß eine solche Kombination von Rohstoff- und Veredelungsindustrie, die jedoch nur ein kapitalistisch gut fundierter Großbetrieb vornehmen kann, die Leistungsfähigkeit und Rentabilität eines Unternehmens bedeutend erhöht, steht außer jedem Zweifel. Ein einzelner Kleinunternehmer, der viel schwerer fremdes Kapital zur Vergrößerung seines Betriebes bekommen kann als der Großbetrieb, muß froh sein, wenn überhaupt das ihm zur Verfügung stehende Kapital ausreicht, seinen laufenden Verbindlichkeiten nachzukommen. Durch einen genossenschaftlichen Zusammenschluß der Kleinunternehmer könnten diese ihre Kreditverhältnisse bessern und könnten sich oben erwähnte Kombination von Rohstoff- und Veredelungsbetrieb leichter beschaffen[8]).

Ein anderer schwerwiegender Faktor, der den Kleinbetrieb dem Großunternehmen gegenüber in seiner Konkurrenzfähigkeit schädigt, ist der, daß jede moderne Tiefbauarbeit die Anschaffung von einer mehr oder weniger größeren Anzahl von Geräten und Maschinen

[7]) Siehe auch: Handwörterbuch der Staatswissenschaften unter „Großbetrieb".

nötig macht. Man schaue sich einmal bei einem größeren Tiefbau um, z. B. beim Bau einer Eisenbahn: Mächtige Baggermaschinen lösen den Boden und laden ihn auf unzählige Eisenbahnwagen, die, gezogen von Lokomotiven, auf kilometerlangen Gleisanlagen dahinrollen und anderorts die Erdmassen wieder absetzen. Viele Arbeiter sind beschäftigt damit, mit den modernsten Steinbearbeitungswerkzeugen Felsen zu zertrümmern, Tunnels zu bohren, etc.; Sägemaschinen schneiden das nötige Gerüst- und Schalholz, Dampfkräne heben und bewegen die Lasten, Dampframmen schlagen Spundwände und Pfähle, Schotterbrechmaschinen, Mörtelmaschinen bereiten den Mörtel, Dampfpumpen schaffen das lästige Wasser fort oder das erforderliche herbei, besondere Maschinen dienen zur Lüftung der Stollen, zur Erzeugung von elektrischem Licht; in den auf der Baustelle unentbehrlichen Reparaturwerkstätten arbeiten Bohrmaschinen, Stanzen und viele andere Werkzeuge. Daß in all diesen verschiedenen Maschinen und Geräten ein großes Kapital festgelegt ist, ist ersichtlich. Ist der Bau vollendet, und ist für lange Zeit kein Auftrag für einen ähnlichen zu erlangen, so bleibt das ganze in den Geräten und Maschinen investierte Kapital nicht nur unverzinst, sondern die Maschinen werden auch an ihrem Werte einbüßen, wenn inzwischen die stets fortschreitende Technik neue, rationeller arbeitende Maschinen auf den Markt gebracht hat, sodaß der Gebrauch der älteren Modelle die Konkurrenzfähigkeit des Besitzers herabmindert. Würde er aber andererseits seinen Gerätepark den Fortschritten der Technik entsprechend immer erneuern, so würden sich seine Generalunkosten derart erhöhen, daß er überhaupt konkurrenzunfähig sein würde. Es bleibt ihm also nichts weiter übrig, als die entbehrlich gewordenen Geräte zu einem bedeutend reduzierten Preise an solche Unternehmer zu verkaufen, die sie benötigen, oder aber er muß durch große Unterbietungen bei Submissionen sich um jeden Preis neue Aufträge verschaffen, um wenigstens das in dem Geräte steckende Kapital verzinsen zu können, wenn er auch sonst nichts verdient. So kann also der Unternehmer gewissermaßen der Sklave seines Geräteparks werden. Ein großer Teil der Unternehmer, besonders die kleineren, zieht es daher vor, sich für jeden einzelnen Bau die erforderlichen Geräte und Maschinen zu mieten; „und diesen Umstand hat sich ein Industriezweig zunutze gemacht, indem er den Verdienst des Tiefbauunternehmers als Miete für die Geräte für sich in Anspruch nimmt, und indem er immer neue Unternehmer ohne genügendes Kapital veranlaßt, sich um Arbeiten zu bewerben"[8]). Dieses Gerätevermieten ist mit seinen Folgen mit die

[8]) Reg.-Baumeister a. D. Janssen im „Tiefbau" vom April 1908.

Hauptursache, daß der jährliche Wechsel, besonders der kleineren Tiefbauunternehmer so beispiellos groß ist. Nehmen wir an, es bewirbt sich ein fast mittelloser früherer Schachtmeister oder gar, was auch öfters vorkam, ein Nichtfachmann um die Übertragung einer Tiefbauarbeit, weil er weiß, daß er die erforderlichen Geräte leihweise erhalten kann, und er kalkuliert die Mietgebühr nicht entsprechend hoch zu seiner Offerte, macht sich noch eine Ehre daraus, für eine Behörde umsonst zu arbeiten, so wird er gleich durch seine erste Arbeit bankrott. Der Geräteverleiher war so vorsichtig, sich die oft ¼ bis ⅓ des Neuwertes der Geräte betragende Miete im Voraus bezahlen zu lassen, wodurch manchmal das ganze Betriebskapital eines solchen Unternehmers verschlungen wird. Gleich nach Beginn der Arbeit macht sich das Fehlen von Geld bemerkbar, die Arbeiter können nicht mehr entlohnt werden, der Unternehmer sieht sich gezwungen, sich für zahlungsunfähig zu erklären, die Arbeit wird ihm entzogen, und die, vielleicht erborgte, Kaution geht verloren. Wer sind die Geschädigten? In erster Linie der Unternehmer selbst, der durch seine Spekulationssucht das Geld, das er sich vielleicht in langjähriger Tätigkeit als Schachtmeister erspart hat, einbüßt, dann der Kapitalist — oft sind es Verwandte — der das Geld für die Kaution geliehen hat, und zuletzt die Bauherrschaft, die gezwungen ist, einem anderen Unternehmer die Arbeit zu übertragen, bei dem es unter Umständen ebenso gehen kann. Der Gerätevermieter aber geht mit Gewinn aus diesem Bankrott hervor; er hat nicht nur die hohe Miete eingesteckt, sondern sein Geräte ist auch fast unbenutzt geblieben und kann unter Umständen sofort wieder an den Nachfolger des falliten Unternehmers weiter vermietet werden. War das Geräte aber käuflich erworben worden, so bekommt auch der Gerätelieferant große Verluste, wenn nur eine kleine Anzahlung gemacht worden war, da seine teueren Maschinen in die Konkursmasse fallen und den übrigen Gläubigern auf seine Kosten die Konkursquote erhöhen. Durch diese Unsicherheit in den Kleinbetrieben des Tiefbaugewerbes ist es ganz natürlich, daß der Gerätelieferant sein großes Risiko durch hohe Miet- und Kaufpreise wieder auszugleichen sucht. Der Großunternehmer, dem große Kapitalien zu Gebote stehen, ist dem Kleinunternehmer gegenüber dadurch in großem Vorteil, daß er die Geräte und Maschinen billiger einkaufen kann, daß er sie öfters verwenden, bis zu ihrer Gebrauchsunfähigkeit benutzen und so das in ihnen investierte Kapital amortisieren kann, daß er ferner sich stets die neuesten Errungenschaften der Technik zunutze machen kann. Um den Nachteilen, die das Gerätemieten besonders für die kleineren Unternehmer mit sich bringt, abzuhelfen, hat der Verband der deutschen Tiefbauunternehmer eine Gerätevermittelungsstelle eingerichtet, durch die die frei werdenden Maschinen und Geräte, unter Ausschaltung der berufsmäßigen Vermieter, den Unternehmern zu Kauf oder Miete billig zugeführt werden, die dieselben gerade benötigen. Dadurch kann ohne Zweifel die Leistungsfähigkeit der kleineren Unternehmer bedeutend gehoben und einer unsoliden Konkurrenz gesteuert werden.

Außer den Baugeräten bedarf ein Tiefbauunternehmer zur Ausführung und Ausarbeitung seiner Aufträge aber auch eine große Arbeiterzahl, sowie technische und kaufmännische Beamte. Was die Arbeiter betrifft, so ist es für einen Tiefbauunternehmer sehr schwer, einen Stamm von Arbeitern ständig zu halten; denn einerseits ist das Tiefbaugewerbe Saisongewerbe, dann aber fehlt es auch an jedem engeren Verhältnis zwischen Arbeitgeber und Arbeitnehmer, wie vor Aufhebung des Zunftzwanges; sodann ist das Tiefbaugewerbe im allgemeinen nur dann gut beschäftigt, wenn sich auch die übrige Industrie und überhaupt das ganze Wirtschaftsleben in einer Hochkonjunktur befindet. Die Behörden suchen allerdings in anerkennenswerter Weise ihre Tiefbauarbeiten möglichst in die sogen. stille Zeit zu verlegen, um den arbeitslosen Scharen Beschäftigungen zu ermöglichen. In Zeiten der Hochkonjunktur suchen die Arbeiter bei der Industrie unterzukommen, da hier die Arbeit weniger anstrengend ist und auch bessere Löhne bezahlt werden können; daher sind die Tiefbauunternehmer auch ihrerseits gezwungen, Arbeiter durch Bezahlen hoher Löhne anzulocken, um ihre Bauaufträge rechtzeitig ausführen zu können und nicht in Konventionalstrafen zu verfallen. Es liegt nun auf der Hand, daß ein Großunternehmer eher in der Lage ist, höhere Löhne zu zahlen und die Lage des Arbeitsmarktes zu überblicken, als der Kleinunternehmer, daß ferner ein Großbetrieb besser die Unkosten, die durch die Arbeiterbeschaffung entstehen, tragen kann als der Kleinbetrieb. Was die technischen und kaufmännischen Hilfskräfte anbetrifft, so sind die Großunternehmen immer bestrebt, die tüchtigsten durch hohe Besoldung an sich zu ziehen; andererseits sind die technischen Hilfskräfte eher geneigt, zu Großunternehmen zu gehen, da es gewissermaßen eine gute Empfehlung für das weitere Fortkommen ist, bei einer Großfirma beschäftigt gewesen zu sein. Ein Großunternehmer kann schon deshalb bessere Gehälter bezahlen als der Kleinunternehmer, weil seine allgemeinen Unkosten diesem gegenüber verhältnismäßig niedriger sind, weil er sein Personal durch seine umfangreichen Aufträge besser ausnützen kann; dann ist der Großunternehmer auch eher in der Lage, während der stillen Zeit seine Beamten zu behalten, als der Kleinunternehmer. Großbetriebe sind gegenüber den Kleinbetrieben auch weit eher befähigt, Wohlfahrtseinrichtungen zugunsten ihrer Arbeiter und Beamten zu unterhalten und infolgedessen letztere an sich zu fesseln.

Die Verwaltungsformen der Unfallversicherung passen ferner wenig für die Verhältnisse des Kleinunternehmers. So sagt Herkner in seinem Buche „Die Arbeiterfrage": „Es mag für den Großunternehmer, der sein kaufmännisch geschultes Personal besitzt, ein Leichtes sein, die vorgeschriebenen Lohnnachweisungen und Auskünfte über seinen Betrieb der Genossenschaft mitzuteilen und die Beiträge richtig und rechtzeitig zu zahlen, allein für den Kleinunternehmer, der wohl mit dem Arbeitsgeschirr, nicht aber mit der Feder umzugehen versteht, ist es geradezu unmöglich, sich in dem Stoß von Papieren, Statuten, Anweisungen, der ihm von der Berufsgenossenschaft übersendet wird, zurechtzufinden, geschweige denn die ihm obliegenden Verpflichtungen zu erfüllen. Die Akten eines solchen Kleinunternehmers, z. B. von Tiefbauarbeiten, der genötigt ist, mit dem Genossenschaftsvorstand in Berlin direkt zu verkehren, erzählen in ihren gedruckten, autographierten und geschriebenen Anweisungen Mahnungen und Vollstreckungen eine wahre Leidensgeschichte des Mannes, von dem man sich nur wundern muß, daß er nach den gemachten Erfahrungen solche Geschäfte wieder übernimmt, zumal wenn die Beiträge (bei dem Kapitaldeckungsverfahren) nahezu seinen ganzen Unternehmergewinn (alias Taglohn!) verschlungen haben."

Ein Großbetrieb, der gewöhnlich gleichzeitig sämtliche verschiedenartigen Zweige des Tiefbaugewerbes umfaßt, ist imstande, sich, je nach der Marktlage, mehr auf das eine oder das andere Spezialgebiet zu werfen, oder neue Zweige in seinen Betrieb aufzunehmen. Der Kleinunternehmer ist gezwungen, sich mehr einem Spezialzweig des Tiefbaugewerbes zuzuwenden, will er nicht durch die Neuanschaffung von Maschinen und Geräten und die dadurch notwendigen Amortisationen derselben seinen Betrieb unrentabel machen. So sehen wir neuerdings viele kleinere Unternehmen entstehen, die sich speziell mit der Ausführung von Beton-, Eisenbeton- und Asphaltarbeiten befassen und offenbar gute Erfolge erzielen, wo es sich um Aufträge handelt, die am Sitz des Unternehmens selbst ausgeführt werden können, da hierbei die Spesen denkbar gering sind.

Der im Tiefbaugewerbe fast ständig herrschende Arbeitermangel sowie die teueren Löhne drängen darauf hin, die Handarbeit immer mehr durch Maschinenarbeit zu ersetzen; die kostspieligen Maschinen kann sich nur der leisten, der das dafür nötige Kapital aufbringen kann, und dazu ist eben ein Großbetrieb eher fähig als ein Kleinbetrieb.

Aus allen bisher angeführten Tatsachen geht deutlich hervor, daß der Großbetrieb im Tiefbaugewerbe soviele Vorteile dem Kleinbetrieb gegenüber bietet, daß sich seine Weiterentwicklung ebenso wenig wird aufhalten lassen, als wie in der Industrie. Andererseits aber wird, im Gegensatz zur Industrie, der handwerksmäßige Kleinbetrieb nie von den Großbetrieben ganz verdrängt werden können; er wird seine Bedeutung und seine Konkurrenzfähigkeit behalten, wo es sich um kleinere Arbeiten und Reparaturen handelt, und wo die Arbeitsstelle in der Nähe des Wohnsitzes des Unternehmers liegt. Ihrer Existenzberechtigung tragen auch die staatlichen und kommunalen Verwaltungen neuerdings durch ihre Submissionspolitik Rechnung. „Alle größeren Tiefbauarbeiten aber, sei es für den Staat, für Städte und andere öffentliche Körperschaften, sei es für größere Werke und Private, sind dem Großbetriebe vorzubehalten, sowohl im Interesse des Bauherrn als der Unternehmer. Denn der Bauherr hat durch den Großbetrieb die Garantie, daß die Arbeit mit den besten Hilfsmitteln und mit den geeignetsten Kräften in möglichst kurzer Zeit sachgemäß und zu einem angemessenen Preise ausgeführt wird, und der Unternehmer hat die größtmöglichsten Chancen, daß seiner Arbeit auch der angemessene Lohn wird[10]."

Wir haben jetzt gesehen, daß der Kleinbetrieb im allgemeinen der Konkurrenz der Großbetriebe unterliegt, und wollen jetzt untersuchen, wie die Großbetriebe im Wettbewerb unter sich sich entwickeln. In den letzten Jahren der Hochkonjunktur des allgemeinen Wirtschaftslebens war auch das Tiefbaugewerbe mit zahlreichen großen Aufträgen versehen; allenthalben verlangte der enorm anwachsende Verkehr neue Eisenbahnen, und, da diese die gewaltigen Transporte nicht genügend und nicht so billig bewältigen können, wurde das große deutsche Schiffahrtskanalsystem weiter ausgebaut, Flüsse kanalisiert, Häfen- und Schleusenbauten, Brücken, Straßen, Talsperren und andere hochwichtige Kulturwerke ausgeführt; die Assanierung der Städte erforderte gleichfalls große Tiefbauarbeiten. Die Übernahme umfangreicher Bauarbeiten seitens einzelner Unternehmer war durch das Vorhandensein großer Betriebskapitalien bedingt; da diese meist dem einzelnen Unternehmer nicht zur Verfügung standen, wurde fremdes Kapital herangezogen, aus der Privatunternehmung eines Einzelnen entstand eine Gesellschaftsunternehmung, aus dem Risiko eines einzelnen wurde das Risiko vieler, die nur darauf

---

[9]) Reg.-Baumeister a. D. Janssen im „Tiefbau" vom April 1908.

bedacht waren, ihrem Gelde eine möglichst hohe Verzinsung zu verschaffen. Das Unternehmen wird zu immer wachsendem Umsatz, zu vermehrter Tätigkeit angespannt. Um überall auf dem Markte vertreten zu sein, mußten an den wichtigsten Plätzen Zweigniederlassungen gegründet oder Vertreter bestellt werden. Trotzdem ist es nicht immer möglich, das vorhandene Personal und Geräte ausreichend zu beschäftigen, und aus dem investierten Kapital einen Ertrag zu erzielen. Eine derartige Dezentralisation eines Betriebes erhöht bedeutend die allgemeinen Umkosten, ist nicht genügend übersichtlich und schwer zu kontrollieren; zudem werden besondere Beamte nötig, um die einzelnen Filialen zu überwachen. Alle vermehrten Kosten müssen bei gleichbleibender Rentabilität des Unternehmens erhöhend auf die Angebotspreise wirken, wodurch wiederum die Konkurrenzfähigkeit Einbuße erleidet. Unter den heutigen Marktverhältnissen ist es daher für einen Großbetrieb im Tiefbaugewerbe nicht möglich, sich beliebig weiter zu entwickeln, sondern es ist ihm durch die Konkurrenz eine Schranke gesetzt, die die größte Kapitalmacht nicht zu überschreiten vermag. Um diese Konkurrenz mit ihren schlimmen Folgen zu mäßigen oder ganz zu beseitigen, um das Großkapital besser zu verzinsen, um die wirtschaftliche Lage des Tiefbauunternehmers zu verbessern, bleibt nur ein Weg übrig, den viele Industriezweige schon mit großem Erfolg beschritten haben, nämlich der des Zusammenschlusses aller Betriebe zu einem Kartell. Daß ein Kartell, das seine Machtstellung nicht mißbraucht, für eine Volkswirtschaft von Nutzen ist, bestätigte der Staatssekretär von Bethman-Hollweg auf einer Hauptversammlung des deutschen Handelstages, indem er ausführte: „Der Übertreibung des Wettbewerbes und ihrer ungünstigen Rückwirkung auf die Lebenshaltung aller in den betroffenen Zweigen des Erwerbslebens tätigen Personen entgegenzutreten, ist eine Aufgabe, deren Lösung das Interesse der Gesamtheit der produzierenden Stände fördert. Dies ist der gesunde Gedanke, der dem Kartellwesen zugrunde gelegt werden muß, und welcher der kartellmäßigen Zusammenschließung ganzer Industriezweige eine Berechtigung verleiht. Wenn es den Kartellen gelingt, diesen Gesichtspunkt zum Grundpfeiler ihrer Maßnahmen auf den Gebieten der Preispolitik und der sonstigen Regelung des Geschäftsverkehrs zu machen, und wenn sie es vermeiden, die in ihren Händen befindlichen Machtmittel im einseitigen Interesse der kartellierten Unternehmer auszunutzen, so werden sie vielen Angriffen, welche gegen sie gerichtet sind, die Spitze abbrechen."

Im Tiefbaugewerbe ist es bis heute, abgesehen von gelegentlichen Konventionen, noch nicht zu einem engeren Zusammenschluß der Unternehmer gekommen, obwohl die Mehrzahl die Notwendigkeit einer Kartellierung, besonders mit Rücksicht auf die bereits erfolgte Kartellierung der Rohstoffproduzenten, anerkennen, hauptsächlich deshalb, weil man bei der Eigentümlichkeit des Tiefbaugewerbes noch keine zweckmäßige Form für ein Kartell hat finden können. Der für die Kartellierung der Industrie hauptsächlich maßgebende Faktor ist, eine Regelung der Produktion, der Lage des Weltmarktes entsprechend, herbeizuführen. Dieser Punkt fällt aber für das Tiefbaugewerbe, das keine Waren auf Vorrat produziert, sondern nur auf Bestellung arbeitet, vollständig fort. Es bleibt also die Hauptaufgabe eines Tiefbauunternehmer-Kartells, die Marktverhältnisse derart zu gestalten, daß die großen im Tiefbaugewerbe festgelegten Kapitalien eine angemessene Verzinsung erfahren. In zweiter Linie käme dann in Betracht, die Arbeiterverhältnisse zu regeln und das Standesbewußtsein zu heben, so daß es nicht mehr vorkommen würde, daß die Tiefbauunternehmer als „egoistische, nur auf materiellen Vorteil ausgehende und von der Ausnutzung der Arbeiter lebende Ausbeuter“ bezeichnet werden, wie sich Pastor von Bodelschwingh einmal im Preußischen Abgeordnetenhaus ausdrückte. Das Kartell auf alle Tiefbauunternehmer auszudehnen, würde schwerlich angehen. Reg.-Bmstr. a. D. Janssen äußerst sich darüber in dem schon mehrfach angeführten Aufsatze im „Tiefbau“ wie folgt: „Bei der großen Verschiedenheit der Produktion sowohl nach Art als nach Umfang sind die Interessen der einzelnen Unternehmer so sehr entgegenlaufende, daß jeder Versuch nach einer allgemeinen Verständigung vergebliche Mühe wäre. Ein Zusammenschluß wird sich vielmehr nur auf der Basis schaffen lassen, daß sich einmal örtliche und sodann wirtschaftliche Verbände bilden. Die örtlichen Verbände würden die Aufträge der örtlichen Kundschaft übernehmen und gewissermaßen eine Organisation des Kleinbetriebes bilden. Die wirtschaftlichen Verbände dagegen würden sich nach den verschiedenen Zweigen der Produktion bilden und örtlich nicht beschränkt sein. Es braucht dabei durchaus nicht ausgeschlossen zu sein, daß ein Mitglied eines örtlichen Verbandes auch Mitglied eines wirtschaftlichen Verbandes ist oder werden kann. Das wäre durchaus nicht im Sinne einer solchen Organisation und der notwendigen Freiheit für jeden einzelnen Unternehmer. Im Gegenteil, wie auch die Organisation sich gestalten möge, es muß unter allen Umständen daran festgehalten werden, daß jedem Unternehmer die Möglichkeit zu einer freien Entwicklung nach seinem Wollen und Können erhalten bleibt, soweit es das Interesse der Gesamtheit zuläßt.“ Eine große Schwierigkeit würde die Feststellung der Beteiligungsquoten der einzelnen Unternehmer verursachen, da man nicht, wie in der Industrie, die Produktion, die im Tiefbaugewerbe so wenig konstant ist, zugrunde legen könnte. Zweckmäßig wäre es vielleicht, die Quote nach dem Grundkapital und dem vorhandenen Gerätepark zu verteilen. Es wäre nun noch eine Betrachtung darüber anzustellen, welche Folgen ein Tiefbauunternehmerkartell mit sich brächte. Die Preise für die Tiefbauarbeiten würden zweifellos in die Höhe gehen, und zwar bis zu der Grenze, wo es anfängt, für die Bauherrschaften vorteilhafter zu sein, die Arbeiten in eigener Regie auszuführen, als sie den syndizierten Unternehmern zu übertragen. Eine unmittelbare Folge der Kartellierung wäre ferner die, daß das heutige Submissionsverfahren für das Tiefbaugewerbe völlig außer Kurs gesetzt werden würde. Das kapitalkräftige Syndikat würde einfach durch Unterbieten jede neu entstehende Firma ruinieren oder sie in seine Interessengemeinschaft hineinziehen. Den Bauherrschaften wäre die Gewähr gegeben, vom Tiefbauunternehmerkartell zu angemessenen Preisen auch wirklich solide Arbeit zu bekommen. Wie aber würde ein Kartell auf die Lage der technischen Beamten wirken? Wohl kaum so nachteilig wie das anderer kartellierter Industrien; da ja die Produkte des Tiefbaus keine Fabrikwaren sind, sondern jedes einzelne für sich entworfen, berechnet und ausgeführt werden muß, würde die Anstellungsmöglichkeit sich nicht viel verringern — die Stellen der Acquisitions-Ingenieure würden zwar wegfallen können —, die wirtschaftliche Lage der technischen Beamten würde sich vielleicht sogar heben, wenn keine Überproduktion von Ingenieuren vorhanden ist, da einerseits mehr verdient wird, und infolgedessen auch entsprechende Gehälter gezahlt werden können, andererseits die Anstellung seitens einer achtunggebietenden Körperschaft sicherer ist und das Ansehen hebt, und da ferner ein Kartell eher als ein einzelner Unternehmer imstande ist, für die Beamten auch dann zu sorgen, wenn sie nicht mehr arbeiten können. Nun wäre noch zu beleuchten, wie ein Kartell auf die Arbeiter einwirken würde. Es würde sich jedenfalls, soweit es unter den Tiefbauarbeitern möglich ist, eine stärkere Organisation bilden, die die Löhne auf einer dem schweren Berufe entsprechenden Höhe hielte, und bei dem im Tiefbau meist herrschenden chronischen Arbeitermangel würden die Arbeiter voraussichtlich durch die Kartellierung der Arbeitgeber auch ohne einen engeren Zusammenschluß wirtschaftlich nicht schwächer werden. Ein Kartell kann auch für seine Arbeiter mehr Wohlfahrtseinrichtungen unterhalten als der einzelne Unternehmer, es kann tüchtige Poliere und Schachtmeister ausbilden. Nicht unerwähnt darf auch bleiben, daß ein Kartell durch Einrichtung von Versuchsanstalten usw. den technischen Fortschritt ungemein fördern kann.

Nach dem bisher Angeführten dürfte es berechtigt erscheinen, die Kartellierung des Tiefbaugewerbes vom volkswirtschaftlichen Standpunkte aus zu befürworten, wenn die daran geknüpften Erwartungen sich erfüllen. Über die gegenwärtigen Aussichten für ein Kartell äußert sich Reg.-Bmstr. a. D. Janssen folgendermaßen: „Es unterliegt wohl keinem Zweifel, daß die Zeit angespanntester Tätigkeit, wie sie auf allen Gebieten in den letzten Jahren sich entfaltet hat, im Abnehmen begriffen ist. Der Zeitpunkt für eine solche Kartellierung des Tiefbaugewerbes dürfte daher nicht ungünstig sein, denn eine rückläufige Konjunktur pflegt den Wettbewerb zu verschärfen, und jeder verschärfte Wettbewerb zwingt zur Einschränkung der Produktionskosten. Es dürfte eine solche Kartellierung auch in den Rahmen unserer allgemeinen Wirtschaftspolitik hineinpassen, denn es kommt doch darauf an, die unbestritten vielen und großen Verluste im Tiefbaugewerbe in Zukunft zu vermeiden und dadurch beizutragen zur Erhaltung und Weiterentwicklung der vermehrten Kaufkraft unserer heimischen Bevölkerung und in weiterer Folge auch zum Ausgleich wirtschaftlicher und sozialer Gegensätze.“

Bis heute ist die Organisation der Tiefbauunternehmer wie bereits erwähnt, eine sehr lose. Wir können unterscheiden die Zwangs organisation und die freiwillige. Die Zwangsorganisation ist die im Jahre 1887, hauptsächlich auf Betreiben des Vereins der deutschen Baugewerksmeister, durch das Bauunfallversicherungsgesetz vom 11. Juli 1887 ins Leben gerufene Tiefbauberufsgenossenschaft, welche die durch Bauunfälle entstehenden Entschädigungspflichten auf alle Unternehmer entsprechend der Jahreslohnsumme verteilt. Der Tiefbauberufsgenossenschaft ist außerdem eine Versicherungsanstalt angegliedert, die gegen feste Prämien alle diejenigen Tiefbauarbeiten versichert, welche von nichtgewerbsmäßigen Unternehmern ausgeführt werden. Die Tiefbauberufsgenossenschaft ist die einzige aller Berufsgenossenschaften, die das erforderliche Deckungskapital für die Entschädigungslasten aufzubringen und umzulegen hat; man ging hierbei von der Annahme aus, daß der größere Wechsel der Tiefbaubetriebe gegenüber den anderen Gewerben, sowie der Umstand, daß nicht alle Tiefbaugewerbetreibenden finanzielle Sicherheit für die demnächstige Erfüllung ihrer Verpflichtung bieten, eine erheblich größere Ansammlung des Reservefonds als bei den anderen Berufsgenossenschaften, und zwar mindestens um das Dreifache der nach dem Unfallversicherungsgesetz vorgeschriebenen Beträge nötig machen. Es werden 44 Gefahrenklassen unterschieden, entsprechend denen die Beiträge nach der Höhe der Lohnsummen abgestuft werden. So wurden im Jahre 1907 auf die Gesamtlohnsumme von 191 488 393 Mark 3 086 692 Mark umgelegt, d. h. auf 100 Mark Lohn 1,61 Mark gegen 1,83 Mark im Jahre 1906 und 2,52 Mark im Jahre 1905. Die Tiefbauberufsgenossenschaft hat nicht allein den Zweck, genossenschaftlich für die durch Unfälle entstandenen Entschädigungsansprüche zu haften, sie sucht auch erzieherisch auf ihre Mitglieder einzuwirken, um den Unfällen möglichst vorzubeugen. Zu dem Zwecke werden die Baustellen daraufhin revidiert, ob die zur Unfallverhütung vorgeschriebenen Maßregeln von den Unternehmern auch wirklich getroffen sind. Im Jahre 1907 wurden von den technischen Aufsichtsbeamten 2746 Betriebe kontrolliert; bei 807 Betrieben wurden Verstöße gegen die Unfallverhütungsvorschriften festgestellt, also bei beinahe einem Drittel, und zwar, wie der Verwaltungsbericht der Tiefbauberufsgenossenschaft sagt, sind die Verstöße dieselben wie in früheren Jahren: Mangelhafte Beschaffenheit von Gerüsten, Geräten, Werkzeugen und Gleisen, unzureichende Schutzvorschriften an Maschinen, das Nichttragen von Schutzbrillen bei Herstellung von Steinschlag, mangelhafte Instandhaltung von Transportgleisen, Fehlen von Leitern in Rohrgräben, Auf- und Absteigen von in Bewegung befindlichen Zügen und einzelnen Wagen, zu steile Erdwände und mangelhafte Aussteifung von Rohrgräben und das Fehlen der Unfallverhütungsvorschriften auf den Baustellen. Anerkennend hebt der Bericht hervor, daß das Bestreben, den Unfallverhütungsvorschriften nachzukommen, fast überall sichtbar ist. — „Der Beschaffung guter Geräte und der Instandhaltung derselben wird in der richtigen Erkenntnis, daß dies auch dem Arbeitsfortgang zugute kommt, fort und fort größere Aufmerksamkeit gewidmet. Mehr Schwierigkeiten bereitet es indessen, die Arbeitnehmer davon zu überzeugen, daß die Befolgung der Unfallverhütungsvorschriften auch in ihrem eigensten Interesse liegt, nicht selten stehen die Arbeitnehmer den Unfallverhütungsvorschriften gleichgültig gegenüber, sie verkennen völlig den Zweck derselben, sehen darin nur Mittel, die Arbeitsweise zu erschweren, und lassen deshalb aus Bequemlichkeit die Vorschriften außer Acht. Die Unternehmer stehen in diesen Fällen den Arbeitern, namentlich in Zeiten des Arbeitermangels, machtlos gegenüber, denn Vorwürfe wegen Nichtbeachtung der Unfallverhütungsvorschriften lassen sich die Arbeiter nicht gefallen, sie legen einfach die Arbeit nieder.“ Ein großer Mißstand, der an der verhältnismäßig hohen Zahl der sich ereignenden Unfälle viel schuld ist, besteht darin, daß zu den Tiefbauarbeiten immer wieder ganz unerfahrene Leute neu angelernt werden müssen. Folgende Tabelle zeigt die in den letzten 5 Jahren bei der Berufsgenossenschaft gemeldeten Unfälle:

Jahr	Unfälle	darunter Todesfälle
1903	9 241	?
1904	10 991	?
1905	11 652	151
1906	12 028	159
1907	13 465	252

Die stets wachsende Unfallzahl steht nicht in einem Mißverhältnis zu den Arbeiterzahlen, vielmehr konnte eine prozentuale Abnahme der Unfälle konstatiert werden. Rund 20% aller Unfälle betrifft ausländische Arbeiter, Italiener und Österreicher vorwiegend. Im allgemeinen ruht nach § 94 Abs. 2 des Gewerbeunfallversicherungsgesetzes das Recht auf Bezug einer Rente, solange der berechtigte Ausländer nicht im Inlande seinen gewöhnlichen Aufenthalt hat. Diese Bestimmung kann durch Beschluß des Bundesrats für bestimmte Grenzgebiete oder für solche auswärtige Staaten, durch deren Gesetzgebung deutschen, durch einen Betriebsunfall verletzten Arbeitern eine entsprechende Fürsorge gewährleistet ist, außer Kraft gesetzt werden, wie es geschehen ist für Grenzgebiete von Dänemark, Holland, Belgien, Luxemburg, Schweiz, Österreich-Ungarn und Rußland, ferner für die Angehörigen von Österreich-Ungarn, Italien, Holland, Luxemburg. Die in den Grenzgebieten sich aufhaltenden Verletzten müssen die Rente durch die nächstgelegene deutsche Post empfangen, die Angehörigen der in Betracht kommenden Staaten dagegen erhalten die Renten per Postanweisung zugeschickt. So wurden im Jahre 1905 2966 solcher Postanweisungen über im ganzen 118 752 Mark an ausländische in vorstehend aufgeführten Staaten seßhafte Unfallverletzte etc. abgesandt; diese Zahl wird wohl in den letzten Jahren, in denen die Beschäftigung ausländischer Arbeiter weiter zugenommen hat, noch gewachsen sein. Außer den Betriebsrevisionen sucht die Tiefbauberufsgenossenschaft auf mancherlei Art und Weise, so weit es der Umfang ihrer Geschäfte ermöglicht, ihren Mitgliedern zu nützen. Vor allem sei erwähnt die Herausgabe einer Genossenschaftszeitung, des „Tiefbau", worin in größeren Aufsätzen die Mitglieder von den Neuerungen der Technik unterrichtet werden, worin für Tiefbauunternehmer wichtige Rechts- und Standesfragen besprochen werden; auch der sozialen Gesetzgebung und Arbeiterfragen ist genügend Raum gelassen. Der alljährlich von der Tiefbauberufsgenossenschaft herausgegebene Verwaltungsbericht bietet die einzige authentische Quelle, die genauere Aufschlüsse über den Stand und die Entwicklung des Tiefbaugewerbes gibt.

Daß eine Zwangsorganisation, die nur zum Zwecke der Regelung der Unfallversicherung gegründet wurde, und durch diese Arbeit allein einen großen Verwaltungsapparat benötigt, sich unmöglich auch mit der Beseitigung der dem Tiefbaugewerbe anhaftenden Fehler beschäftigen kann, die vielleicht nicht einmal von allen Unternehmern gleich empfunden werden, liegt auf der Hand. Deshalb taten sich im Jahre 1900 einige Tiefbauunternehmer zusammen, riefen den „Verein zur Wahrung der Interessen des Tiefbaugewerbes“ ins Leben, dem bald $^1/_7$ aller Tiefbauunternehmer angehörten. In allen Teilen Deutschlands wurden Zweigvereine gegründet und bereits bestehende lokale Tiefbauunternehmervereine zu einem Verbande zusammengeschlossen, dem Verbande der deutschen Tiefbauunternehmer, dessen Zentralleitung sich in Berlin befindet, wo auch sein Organ, die Deutsche Tiefbauzeitung, monatlich herausgegeben wird. Diese Organisation kann vielleicht zweckmäßig als selbständige Organisation der ehemals zum Verbande der deutschen Baugewerksmeister gehörenden Tiefbauunternehmer angesehen werden, da sie die gleichen Ziele verfolgt. Nach § 2 ihrer Statuten ist ihr Zweck, „die Tiefbauunternehmer des Deutschen Reiches und dessen Kolonien und ihre etwaigen Vereinigungen zur Hebung des Tiefbaugewerbes in technischer, sozialer und wirtschaftlicher Beziehung und zur Wahrung und Förderung der gemeinsamen und der Interessen seiner Mitglieder zusammenzuschließen, Rat und Auskunft an seine Mitglieder in allen technischen und wirtschaftlichen Fragen zu erteilen, seine Anerkennung als Vertreter des Gewerbes bei Behörden und Gerichten und damit seine Heranziehung zu Enqueten und Gutachten, zum Vorschlag und zur Wahl von Sachverständigen und Schiedsrichtern zu erstreben, für die Bildung von Baukammern und Bauschöffenämtern u. a. m. Religiöse und politische Zwecke sind ausgeschlossen.“ Der Verband sucht in äußerst rühriger Weise diese Ziele zu erreichen, und hat bereits viel dazu beigetragen, daß der Stand der Tiefbauunternehmer an Ansehen gewinnt, daß sich die Marktverhältnisse, die hauptsächlich durch die bisher geübte Submissionspraxis sehr danieder lagen, zu bessern beginnen, daß ferner die Behörden ihrerseits anfangen, durch die vielfachen sachlichen Petitionen des Verbandes veranlaßt, diesen als Vertretung des deutschen Tiefbaugewerbes anzuerkennen und ihren Bestrebungen Rechnung zu tragen. Der Verband sucht die Interessen seiner Mitglieder in jeder Weise zu wahren; er prüft die abgeschlossenen Bauverträge auf ihre Mängel hin, erteilt in juristischen und anderen wichtigen Fragen fachmännische Auskünfte; eine wichtige Tätigkeit des Verbandes besteht in der neuerdings aufgenommenen Vermittelung von Geräten zwischen den Unternehmern selbst, unter Ausschaltung der professionellen Gerätevermieter, außerdem ist angestrebt, auch die Neuanschaffungen durch den Verband zu besorgen; angestrebt ist ferner der gemeinsame Einkauf der Rohmaterialien, um auch die dem Verbande angehörigen kleineren Unternehmer in den Stand zu setzen, besser mit den größeren konkurrieren zu können. Große Aufmerksamkeit wird zurzeit der Frage der Beschäftigung der im Tiefbaugewerbe so notwendigen ausländischen Arbeiter zugewandt. Bei den Gerichten ist die Ernennung von Tiefbausachverständigen aus der Zahl der Verbandsmitglieder durchgesetzt worden. Als Hauptaufgabe steht aber die Regelung des Submissionswesens obenan, das so, wie es besteht, von vielen Seiten, besonders von den kleineren und mittleren Unternehmern, als schädlich bekämpft wird.

II. Arbeiterverhältnisse.

Wir haben bereits gesehen, daß das Tiefbaugewerbe vorzugsweise ungelernte Arbeiter beschäftigt; die gelernten kommen fast immer nur bei den Kunstbauten in Betracht, und auch hierbei wird ihre Verwendung durch den ungeahnten Aufschwung der Betonbauweise teilweise entbehrlich; der Zimmermann gibt der Schalung die Form, die sonst der Steinmetz herzustellen pflegte, das kunstgerechte Versetzen der Steine wird durch das nahezu rein mechanische Stampfen der durch Maschinen selbsttätig hergestellten Betonmasse ersetzt. Durch die Fortschritte der Technik auf dem Gebiete der Arbeitsmaschinen wird die Individualität der Tiefbauarbeiter immer mehr eingedämmt.

Die Arbeiterschar des Tiefbaugewerbes setzt sich aus den allerverschiedensten Elementen zusammen; die ungelernten sind meist auf der niedrigsten Kulturstufe stehend. Ist die herzustellende Tiefbauarbeit von keinem großen Umfang, so wird im allgemeinen die betreffende Gegend selbst die erforderlichen Arbeiter stellen können; kleine Landwirte überlassen ihren Frauen und Kindern die Feldarbeit, um die günstige Gelegenheit, sich einen Nebenverdienst zu erwerben, auszunützen; ländliche Handwerker, Schuster, Schneider etc., alle wollen Anteil an dem an Ort und Stelle sich bietenden Verdienst haben und verlassen ihre Werkstatt, zu der sie allerdings wieder gerne zurückkehren, da sie der anstrengenden Tiefbauarbeit auf die Dauer nicht gewachsen sind. Wird dagegen eine umfangreiche Arbeit ausgeführt, etwa ein Kanal- oder Eisenbahnbau, so ist es ganz unmöglich, den Bedarf an Arbeitern auch nur einigermaßen durch Ortsansässige zu decken, es muß vielmehr die Beschaffung und stets nötig werdende Ergänzung der Arbeiter planmäßig betrieben werden, soll nicht der Betrieb Stockungen erleiden, die bei den großen investierten Kapitalien einen nicht geringen finanziellen Schaden bedeuten. Wird solch ein Bau begonnen, so strömen erfahrungsgemäß die kunterbuntesten Elemente zusammen; abgesehen von den Ausländern, unterscheidet Pastor Dr. Küßner[11]), der seine Studien bei dem Bau des Elb-Trave-Kanals gemacht hat, 4 Kategorien: Stromer, Arbeitslose, berufsmäßige Kanalarbeiter und Einheimische. Über die erste Gruppe sagt Dr. Küßner folgendes: „Zuerst sind da all die minderwertigen Elemente, zweifelhafte Subjekte, die unsere Landstraßen bevölkern. Da haben wir jene unruhigen, veränderungssüchtigen Gesellen, verkrachte Existenzen, Abenteurer aus allen Ständen, die nirgends lange aushalten, die zurzeit schon seit vielen Jahren ein Wanderleben führen, bald hier, bald dort einige Wochen arbeiten, und dann weiterziehen; da sind ferner die berufsmäßigen Stromer und Vagabunden, arbeitsscheue Burschen, die oft eine wildbewegte Vergangenheit haben und fast alle stark dem Trunke ergeben sind. Dazu kommen schließlich Sträflinge und Zuchthäusler, deren Haft zu der Zeit gerade zu Ende ist, wo so ein Bau ausgeführt wird, und die nun auf Wunsch dorthin entlassen werden. Sie alle haben gar nicht die Absicht, lange auf einem Bau auszuhalten; die einen wollen nur einmal einige Wochen arbeiten, um — die Taschen voll harter Taler — ihr unstetes Wanderleben wieder aufzunehmen; andere wollen ihre Papiere in Ordnung bringen, um sich später vor der Polizei notdürftig ausweisen zu können; noch andere wollen eine Zeitlang von der Bildfläche verschwinden, unbekannt unter so einer Arbeiterschaft untergehen, um vielleicht nach einigen Monaten unter falschem Namen und mit gestohlenen Papieren wieder aufzutauchen und die alte Verbrecherlaufbahn aufs neue aufzunehmen ....“

Zu diesen tiefstehenden, durchaus minderwertigen Elementen, kommen die vielen, die zu solchen Zeiten arbeitslos sind, Leute aus Fabriken, Werften, Handelsgeschäften, Schreibstuben und Kontoren, Leute, die früher selbständig gewesen sind und bankrott gemacht haben; darunter sind Schuldige und Unschuldige, solche, die sich irgend etwas haben zu Schulden kommen lassen, aber auch solche, die nur im Leichtsinn eine Stelle aufgegeben haben, die im Trotz da-

---

[11]) Pastor Dr. Küßner: Was sind wir unseren Kanalarbeitern schuldig?

vorgegangen sind, die sich glaubten verbessern zu können und nichts gefunden haben. Sie alle suchen immer eine Zeitlang in ihrem Berufe Arbeit, verwahrlosen jedoch bald, wenn die Spargroschen aufgezehrt sind und kein neuer Verdienst vorhanden ist; bald sehen sie wie die vollendeten Stromer aus, ohne es zu sein. Sehr viele von ihnen begeben sich, wenn sie das sehen, nach solchen Erd- und Wasserbauten, wo sie am ehesten Arbeit zu finden hoffen; aus allen Teilen unseres Vaterlandes, aus allen Schichten der Bevölkerung pflegen sie da zusammenzuströmen. Natürlich sind viele sittlich defekte Charaktere darunter, bei vielen hat auch das Leben auf der Landstraße schon zu lange gedauert, so daß sie anfangen, auf der schiefen Ebene herabzugleiten, aber die meisten von ihnen haben doch den guten Willen, sich noch einmal aufzuarbeiten und wieder zu ordentlichen Menschen zu werden. So wie die Verhältnisse jetzt liegen, wird ihnen das jedoch in den seltensten Fällen gelingen. Entweder werden sie überhaupt vom Bau gewiesen, weil sie zerlumpt sind, keine Wasserstiefel, keine Geräte besitzen — und es möchte einem oft das Herz bluten, wenn man so einen jungen Burschen sieht, der nun endlich an das Ziel seiner Hoffnungen gekommen ist, wo Arbeit in Hülle und Fülle ist, und der dann unter Scheltworten davongejagt wird —, oder aber er wird unter Hallo von allen möglichen Saufbrüdern empfangen, ist bald ihresgleichen und verfällt, je länger desto mehr, dem Stromertum. Es ist gar nicht zu sagen, wie viele Leute, die vielleicht hätten gerettet werden können, wenn man ihnen nur halbwegs entgegenkommen würde, nun hoffnungslos zugrunde gehen.

Die dritte Gruppe, die berufsmäßigen Kanalarbeiter, besteht aus Leuten, die aus industriearmen Gegenden stammen, meist aus dem Osten Deutschlands, die regelmäßig im Frühjahr von zuhause weggehen, um den Sommer über bei einem Tiefbau zu arbeiten und im Herbst wieder mit ihren Ersparnissen in ihre Heimat ziehen, wo sie das verdiente Geld gewöhnlich dazu verwenden, sich ein Häuschen oder ein Stück Land zu kaufen. Manche kommen auch mit Frau und Kindern, und bleiben den Winter über an Ort und Stelle, als „ein nicht immer sehr willkommener Zuwachs der Bevölkerung“. Im großen und ganzen sind diese ordentliche Menschen, im Besitze ihrer unverweichlichten Kraft und gerade deshalb für die schwere, ungesunde Tiefbauarbeit äußerst geeignet. Zudem sind sie sehr anspruchslos und ertragen das reizlose, ungesunde Barackenleben geduldig, immer ihr Ziel vor Augen, sich nach vielleicht jahrelanger Arbeit in der Heimat ankaufen zu können. Manchen von ihnen ist es sogar schon gelungen, sich zum Schachtmeister, ja sogar zum selbständigen

Unternehmer emporzuarbeiten; manche allerdings sinken auch zu den erst geschilderten Kategorien herab.

Die vierte Gruppe besteht aus den überschüssigen Arbeitskräften der betreffenden Gegend, wo sich die Baustelle befindet, schlechte und gute Menschen. Zu allen diesen gesellen sich dann noch die Ausländer, von denen weiter unten gesprochen werden wird.

Daß es sehr schwer ist und eine eiserne Strenge erfordert, so grundverschiedene Elemente an einer Arbeitsstelle beisammen zu halten, ist klar. Die Behörden sind stets bestrebt, die Lebensverhältnisse der Tiefbauarbeiter besser zu gestalten und die guten Elemente zu schützen und zu fördern, die schlechten aber fern zu halten. Bei dem Bau der großen Wasserstraßen wird der Arbeiterfürsorge ganz besonders Rechnung getragen[12]. Der Staat schreibt ganz genau den Bau und den Betrieb der Baracken, die Belegzahl etc. vor; vor allem soll der Ausbeutung der Arbeiter dadurch vorgebeugt werden, daß Barackenverwalter und Kantinenwirte nur gegen festes Gehalt angestellt werden dürfen, denen die Speisen und Preise ganz genau von der Bauverwaltung vorgeschrieben werden. Es werden menschenwürdige Aufenthaltsräume für die Sonn- und Feiertage geschaffen werden, ebenso Räumlichkeiten, Gebetbücher und Harmoniums für Gottesdienste, für die besondere Seelsorger herangezogen werden. Auch für die Hygiene sind Bestimmungen getroffen: Gutes Trinkwasser, Bäder und einwandfreie Abortanlagen müssen vorhanden sein. Dem Alkoholkonsum soll dadurch gesteuert werden, daß in den Kantinen kein Schnaps verabreicht werden darf und auch sonst auf der Baustelle keine Händler zugelassen werden. Alkoholfreie Getränke sollen möglichst gratis verabreicht werden. Zur Belehrung und Unterhaltung werden Bibliotheken eingerichtet, Vorträge und Gesangsübungen abgehalten werden. Kurz, man will dem Tiefbauarbeiter die Lebenshaltung und das berufliche Ansehen erhöhen, so daß auch die ordentlichen Arbeiter gleich bei Beginn der Arbeit zum Bau herbeikommen, und nicht erst dann, wenn sie sonst nirgends Arbeit finden können. Auch auf die Privatquartiere wird sich die Aufsicht und Kontrolle erstrecken, da gerade dabei schon ganz unglaublich menschenunwürdige Zustände und Ausbeutungen vorgefunden wurden.

Die Eigenart der Tiefbaubetriebe, der stetige Wechsel des Arbeitsortes, die Schwere und Gefährlichkeit der Arbeiten bringt es mit sich, daß im Tiefbaugewerbe die Nachfrage nach Arbeitnehmern stets größer ist als das Angebot, daß vor allem die einheimischen Arbeiter

---

[12]) Siehe Anlage I.

lieber der Industrie zuströmen, die im allgemeinen für die kulturell höherstehenden Arbeiten auch bessere Löhne zahlt, weil sie als Industriearbeiter an einem Orte sich häuslich niederlassen und die Annehmlichkeiten des Familienlebens genießen können. So ist denn das Tiefbaugewerbe gezwungen, sich seinen Arbeiterbedarf teilweise aus dem Auslande zu beschaffen. Die volksreichen aber industriearmen Grenzländer sind es, die ihre Arbeitslosen zu uns senden. Naturgemäß begeben sich diese von ihrem Lande aus an die nächst gelegene deutsche Arbeitsstelle. So finden wir in Ost- und Mitteldeutschland ausnahmslos Polen, im Königreich Sachsen und Thüringen Tschechen, im ganzen Westen, von Norden nach Süden, dänische, holländische, belgische, italienische und kroatische Arbeiter. Am zahlreichsten sind die Polen vertreten; sie werden von fast allen Unternehmern als die tüchtigsten, fleißigsten und wegen ihrer abgehärteten Natur als die geeignetsten Tiefbauarbeiter bezeichnet; „über sie sind fast gar keine Beschwerden eingelaufen. Sie werden als ruhige, für sich lebende Arbeiter geschildert, die möglichst sparen, um sich in ihrer Heimat ein Stück Landes zu erwerben, das sie ihren zurückgebliebenen Familienangehörigen zur Bebauung überlassen können." (Deutsche Tiefbauzeitung vom 5. April 1908.) Es ging daher ein Sturm der Entrüstung durch die meisten deutschen Tiefbauunternehmer, als der Erlaß des preußischen Ministers vom Dezember 1907 die Beschäftigung ausländischer Polen bedeutend erschwerte. Der Verband der deutschen Tiefbauunternehmer erließ an seine Mitglieder in Preußen einen Fragebogen, um deren Erfahrungen mit polnischen Arbeitern kennen zu lernen; von 270 eingelaufenen Antworten bestätigten 126 Unternehmer ständigen Arbeitermangel, 68 klagten über periodischen. Dieser Arbeitermangel erstreckt sich auf den ganzen Osten, Brandenburg, Schlesien, Sachsen, Thüringen, Hessen-Nassau, und teilweise auf den Nordwesten und Rheinland-Westfalen und auf einige süddeutsche Gebiete, während in vielen Orten Rheinland-Westfalens, im Südwesten und Süden und in Berlin genügend Arbeiter vorhanden waren. Von diesen 270 antwortenden Tiefbauunternehmern beschäftigten 154 größtenteils Polen, 23 sahen von einer Einstellung derselben ab, da ihnen behördlicherseits zuviel Schwierigkeiten deshalb bereitet wurden; bei 63 Unternehmern waren andere Ausländer beschäftigt. Durch den herrschenden Arbeitermangel und durch das Fehlen jeglicher Konkurrenz auf dem Arbeitsmarkte konnten die nichtpolnischen Ausländer, die nicht als „gefährlich" galten, die Löhne in die Höhe schrauben, was manchen Unternehmer um seinen Gewinn gebracht haben kann. Besonders ungehalten sind die Unternehmer auch deshalb, weil ihnen gegenüber die Behörden anders verfahren als gegen die Landwirte, indem sich die getroffenen Maßnahmen nur gegen die ausländisch-polnischen Arbeiter in Gewerbe- und Industriebetrieben, nicht aber gegen die in der Landwirtschaft beschäftigten richten. „In allen Zuschriften wird darauf hingewiesen, daß infolge behördlicher Verfügung die Arbeiter möglichst der Landwirtschaft reserviert sein sollen, und daher sich entweder dieser zuzuwenden haben, oder der Ausweisung verfallen."

Ein charakteristisches Beispiel für die ungleiche Behandlung gibt die Tiefbauzeitung vom 5. April 1908: Ein Tiefbauunternehmer wurde behördlicherseits aufgefordert, seine ausländisch - polnischen Arbeiter zu entlassen. Einige Tage später sah er dieselben Arbeiter in der Kiesgrube eines Konkurrenten. Auf seine deshalb gestellte Anfrage teilte ihm die Behörde mit, daß diese Kiesgrube einen landwirtschaftlichen Nebenbetrieb darstelle und daher für ausländisch-polnische Arbeiter erlaubt sei. Man hoffte, durch stärkere Heranziehung von Ruthenen die Polen zu ersetzen, aber es hat sich gezeigt, daß sie bei weitem nicht zahlreich genug sind und sich überhaupt besser für die Landwirtschaft wie für den Tiefbau eignen, da sie nicht so kräftig wie die Polen sind. Auch flämische Arbeiter sucht man statt der Polen einzustellen, da sie mehr und besser arbeiten sollen, zuverlässiger und sympathischer sind, ferner sauberer und anspruchsvoller, so daß sie auch mehr Geld im Lande lassen, als die Polen. (Arbeitgeberzeitung vom 21. Juni 1908.) Aber auch die Flämen werden an Zahl die Polen ebensowenig ersetzen können, als die Ruthenen, und sich auch lieber der Industrie zuwenden, wenn die Nachfrage nach Arbeitskräften bei dieser groß ist. Der Verband der deutschen Tiefbauunternehmer hat deshalb jene Enquete angestellt und das Resultat in einer Eingabe an den Minister der öffentlichen Arbeiten dargelegt, woraufhin der Bescheid einlief, daß von Fall zu Fall die Beschäftigung ausländisch-polnischer Arbeiter im Tiefbaugewerbe gestattet werden würde, wenn darum nachgesucht werde.

Das zweitgrößte Kontingent an ausländischen Arbeitern liefert dem Tiefbaugewerbe Italien, und zwar in von Jahr zu Jahr wachsender Zahl. Wie schon erwähnt, ist Süddeutschland, weil die Reisekosten am geringsten sind, am stärksten von den Italienern aufgesucht. Diese sind im allgemeinen höher qualifizierte Arbeiter als die Polen und meist auch mit beruflichen Kenntnissen ausgestattet. Die Mehrzahl derselben sind wohl Maurer und Steinsetzer; denn Sartorius v. Waltershausen gibt in seinem Buche „Italienische Wanderarbeiter" deren Zahl für das Jahr 1899 auf 35 000 an. Als Erd- und Felsarbeiter trifft man sie in Süddeutschland überall in großer Anzahl an. Besonderes Geschick zeigen sie beim Tunnelbau, wo sie fast allein alle Handarbeit verrichten. „Bei den Bahnbauten im Schwarzwald haben sie das meiste getan. In den Vogesen haben sie die Stauweiher, welche die Fabriken mit Wasser versorgen, ausgegraben und aufgemauert, in den Großstädten Süddeutschlands an den Kanalisationsarbeiten mitgearbeitet. Sehr gesucht und verbreitet ist ihre Tätigkeit in Ziegeleien und Steinbrüchen[13].“ Bekannt ist auch ihre Geschicklichkeit bei der Herstellung von Terrazzo- und Stuckarbeiten. Die Einwanderung der Italiener wird von Seiten der Behörden nicht erschwert, weil diese, im Gegensatz zu den Polen, nicht die Neigung zeigen, sich ansässig zu machen, vielmehr nur im Frühjahr nach Deutschland ziehen, um bei Winteranfang wieder mit ihren Ersparnissen nach Hause zurückzukehren. Sie haben alle Furcht vor dem nassen deutschen Winter, denn nichts ist für den italienischen Arbeiter unbehaglicher, als Wasser von außen; alle sind mit Regenschirmen ausgestattet, und, wenn es zu tröpfeln beginnt, verlassen sie einmütig die Baustelle, unbekümmert darum, daß der Fortgang der Arbeit Not leidet; so sind denn die Unternehmer meist gezwungen, wo jene mit deutschen Arbeitern zusammen arbeiten, auch diese dann feiern zu lassen. Aus dieser Wasserscheu erklärt sich auch, warum man bei reinen Wasserbauten seltener italienische Arbeiter antrifft. Der italienische Arbeiter ist im allgemeinen ein sehr anspruchsloser Mensch; seine Speise besteht gewöhnlich aus Polenta, Käse, Brot und Speck; des Alkohols enthält er sich fast vollständig, weshalb er von den Unternehmern ganz besonders geschätzt wird. Er lebt abgeschlossen für sich und mischt sich auch nicht in die deutsche Politik. Nur in einem Punkte erregen die italienischen Arbeiter manchmal Anstoß, nämlich in ihren Sitten. So sagt der Bericht der Gewerbeaufsichtsbeamten in Elsaß-Lothringen darüber folgendes: Eine bedenkliche Begleiterscheinung ist es, daß unter diesen Einwanderern sich immer mehr schwache und verkommene Süditaliener befinden, die mit ihren schmutzigen und lasterhaften Sitten die einheimische Bevölkerung vergiften, wenig leisten und außerdem zum großen Teil umstürzlerisch gesinnt sind.“ Sie scharen sich meist um einen mit den Landesverhältnissen und der Landessprache vertrauten Stammesgenossen, der ihren Arbeitsvertrag mit den Unternehmern abschließt, den Lohn empfängt und unter sie verteilt, für ihre Unterkunft und Verpflegung sorgt etc. Daß dieser

---

[13]) Amtl. Mitteil. aus den Jahresberichten der Gewerbeaufsichtsbeamten für Elsaß-Lothringen.

dabei sehr oft seine unkundigen Landsleute ausbeutet, ist bekannt; besonders schlimm ist dieses „Padrone-System“ in Amerika unter den dort arbeitenden Italienern ausgebildet[14]). So sehr die Italiener als Arbeiter geschätzt werden, wird einmütig darüber geklagt, besonders von der Berufsgenossenschaft, daß sie zu leichtsinnig mit ihrem Leben und ihrer Gesundheit umgehen, und so Veranlassung zu den vielen Unfällen, die gerade das Tiefbaugewerbe zu verzeichnen hat. geben. Im Jahre 1905 kamen auf 1000 Vollarbeiter 82,57 Verletzte, eine Zahl, wie sie keine andere Berufsgenossenschaft zu registrieren hatte. Aus den Zahlen der Tiefbauberufsgenossenschaft geht hervor, daß die Italiener, obwohl sie von den Polen an Zahl weit übertroffen werden. dennoch die meisten Unfälle lieferten. Obgleich überall, wo die Italiener arbeiten, die Unfallverhütungsvorschriften in italienischer Sprache angebracht werden müssen, achten sie wenig darauf. Ja es sind sogar Fälle vorgekommen, wo italienische Arbeiter geringfügige Verletzungen mit ätzenden Säuren behandelten, um eine längere Arbeitsunfähigkeit oder Erwerbseinbuße durch Invalidität hervorzurufen und sich dadurch eine Rente zu sichern. (Vgl. „Tiefbau“ vom 4. April 1908.) Doch derartige Vorkommnisse sind seltene Ausnahmen und dürfen deshalb auf die italienischen Arbeiter nicht verallgemeinert werden. Wie der Pole für die ost- und norddeutschen Länder, so ist der Italiener im ganzen Süden und Südwesten Deutschlands ein Tiefbauarbeiter, der, was seine Fertigkeiten betrifft, von den Einheimischen nicht ersetzt werden kann.

Unter den ausländischen Arbeitern in Deutschland nehmen an Zahl die Holländer die dritte Stelle ein, ihre Zahl soll im Jahre 1902 mehr als 60 000 betragen haben und seitdem beständig gewachsen sein; „aus einigen holländischen Grenzgemeinden geht der zehnte Teil der Bevölkerung nach Deutschland arbeiten. Der Grund zu diesem Zuzug ist besonders in den höheren Löhnen zu suchen, die nicht nur in der deutschen Industrie, sondern auch von den deutschen Bauern im Vergleich mit den holländischen Arbeitgebern bezahlt werden[15]).“ Von diesen holländischen Arbeitern ist ein sehr großer Teil im Tiefbau beschäftigt, und ist ihr Spezialarbeitsgebiet der Wasserbau, wo sie Vorzügliches leisten und ungern entbehrt werden. So beschäftigt z. B. eine der bedeutendsten deutschen Firmen für Baggerei, Fluß- und Seeuferbau, die Aktiengesellschaft Gebrüder Goedhart in Düsseldorf, bei einer Arbeiterzahl von ca. 1000 Mann allein etwa 700 Ausländer,

---

14) S. Sart. v. Waltershausen: Italienische Wanderarbeiter.

15) Soziale Praxis vom 21. Mai 1907.

und zwar vorwiegend Holländer; also 70%, eine Verhältniszahl, die doch sicher auch für das Tiefbaugewerbe ungewöhnlich hoch ist, und eben nur dadurch erklärlich ist, daß auf dem Gebiete des Wasserbaues der deutsche Arbeiter einerseits wenig Erfahrung hat und andererseits auch wenig Lust zeigt, sich dabei zu betätigen.

Es wären nun noch die Arbeiter zu erwähnen, die aus österreichischen Gebieten kommen; ihre Zahl erreicht kaum die Hälfte der Italiener. Meistens sind es Steiermärker, Kroaten, Galizier, Tschechen etc., die unter der Führung eines sog. Kolonnenführers oder Partieführers nach Oberschlesien, Sachsen, Thüringen etc. kommen. Ihre Arbeitskraft wird nicht besonders geschätzt und nur bei großem Arbeitermangel gesucht. Ein großer Nachteil war es bislang immer gewesen, daß die oben erwähnten Kolonnenführer für sich die Einstellung als Vorarbeiter oder gar als Schachtmeister beanspruchten, obgleich sie von den Arbeiten unserer Tiefbaubetriebe ebensowenig verstanden, als die von ihnen geführten Mannschaften. „Da letztere nun gewöhnlich einen Dolmetscher brauchen, und dieser Partieführer auch immer deutsch sprechen kann, so ist es nur zu natürlich, daß der Unternehmer, der diese Arbeiter einzustellen genötigt ist, den Partieführer mit einer Aufsichtsstelle betraut. Die Folgen dieser Maßnahmen sind gewöhnlich schwere Unfälle[16]).“ Die Tiefbauberufsgenossenschaft verbietet daher neuerdings den Unternehmern, solchen ausländischen Partieführern eine Aufsichtsstelle zu übertragen, wenn sie nicht durch einwandfreie Ausweise ihre Qualifikation hierzu nachweisen können.

10 Prozent aller Tiefbauarbeiter sind Ausländer. Wie wirkt das Angebot der ausländischen Arbeitskräfte auf den Arbeitsmarkt? Die Sozialisten behaupten, jeder ausländische Arbeiter nähme einem einheimischen durch Unterbieten die Arbeitsgelegenheit weg, sodaß also ebensoviel Deutsche arbeitslos würden, als Ausländer bei uns beschäftigt werden. Diese Behauptung geht von der Voraussetzung aus, daß auf dem Arbeitsmarkt Angebot und Nachfrage sich decken, daß also die Konkurrenz des ausländischen Arbeiters in Wirklichkeit empfunden werde. Wer sich jedoch in die tatsächlich vorhandenen Zustände vertieft, wird finden, daß die Frage der Lage des Arbeitsmarktes nicht allgemein danach beurteilt werden darf, wie Angebot und Nachfrage sich zueinander verhalten, daß man vielmehr untersuchen muß, wie die speziellen Verhältnisse in den verschiedenen Berufszweigen und in verschiedenen Zeitabschnitten liegen, und ob ein Arbeitermangel oder Überschuß überall oder nur in einzelnen Ge-

---

[16]) Tiefbau vom 2. Mai 1908.

genden herrscht. Was nun das Tiefbaugewerbe betrifft, so ist die Lage seines Arbeitsmarktes mehr wie vielleicht irgend eines andern Gewerbes abhängig von der allgemeinen industriellen und kommerziellen Geschäftskonjunktur. In der Zeit des wirtschaftlichen Aufschwungs der Jahre 1895 bis 1900 war der Nachfrage nach Arbeitnehmern bei den Eisenbahn-, Straßen- und Kanalbauten durch einheimische Kräfte nicht zu genügen und die ausländischen deshalb zu steigenden Löhnen gesucht; infolgedessen konnten die einheimischen Arbeiter durch deren Beschäftigung auch nicht geschädigt werden. Sobald aber die Geschäftskrise eintrat, und die Industrie Arbeiter entlassen mußte, die sich nun notgedrungen dem Tiefbau zuwandten, wurde die Konkurrenz der ausländischen Arbeiter empfunden, aber nur so lange, als bis die Geschäftslage sich wieder besserte. Dann verließen eben diese einheimischen Arbeitslosen wieder die aufreibende und gesundheitsschädigende Tiefbauarbeit, um sich der bequemeren Industriearbeit zuzuwenden. So sagt der Verwaltungsbericht der Gewerbeaufsichtsbeamten für Elsaß-Lothringen vom Jahre 1895: „Auch in Lothringen haben die Eingeborenen gerne die schweren Berg-, Erd- und Steinarbeiten den Italienern überlassen, als von der Industrie, insbesondere von den Hüttenwerken, starke Nachfrage nach Arbeitskraft ausging.“ „Im Oberelsaß ist ein großer Teil der Lohnarbeiter in der Textilindustrie beschäftigt und zu den anstrengenden schweren Arbeiten in freier Luft nicht zu gebrauchen[17]). Nach der Krisis vom Jahre 1900 zeigte der Arbeitsmarkt wieder eine steigende Tendenz, und sofort wurde wieder im Tiefbau Arbeitermangel bemerkbar, der sich bis zum Eintritt der neuesten Geschäftsstockung ausdehnte, während welcher Staat und Kommune eifrig bemüht sind, den großen Scharen Arbeitsloser durch Tiefbauarbeiten, deren Ausführung teilweise speziell für die Zeit einer Krisis reserviert war, Beschäftigung zu bieten. Um dabei gleichzeitig die Konkurrenz der ausländischen Arbeiter auszuschalten, werden die Unternehmer vertraglich verpflichtet, in erster Linie einheimische Arbeiter zu beschäftigen, und nur dann ausländische, wenn keine einheimischen erhältlich sind. So wurde im badischen Gesetzes- und Verordnungsblatt vom 3. Juli 1908 folgende Verordnung des Finanzministeriums veröffentlicht, wonach die Vertragsbedingungen für die Ausführung staatlicher Bauten folgenden Zusatz erhalten: „Bei Einstellung von Arbeitern hat der Unternehmer unter den sich Meldenden, für die in Betracht kommenden Herstellungen brauchbaren Arbeiter die Reichsangehörigen und unter diesen wieder

---

[17]) v. Waltershausen: Ital. Wanderarbeiter.

diejenigen vorzugsweise zu verwenden, welche am Orte der Bausausführung oder in dessen Nähe wohnen. In Zeiten, in denen die Arbeitslosigkeit der für die betreffenden Herstellungen geeigneten deutschen Arbeiter innerhalb des Großherzogtums einen großen Umfang angenommen hat, sind die Unternehmer auf Verlangen der die Bauausführung vergebenden staatlichen Behörden verpflichtet, den ausländischen Arbeitern, soweit sie nicht eine besondere Vertrauensstellung einnehmen, in dem Umfange zu kündigen, als sich geeignete deutsche Arbeiter zur Verfügung stellen." Auch in Dessau wurden sämtliche bei den Staatsbetrieben beschäftigten tschechischen Arbeiter ausgewiesen, als das Angebot der einheimischen Arbeiter zunahm. Der Staat und die Kommunen, als hauptsächlichste Auftraggeber, haben es also in der Hand und erachten es auch als ihre Pflicht, im Tiefbaugewerbe den Arbeitsmarkt zugunsten der einheimischen Arbeiter zu beeinflussen. Eine Gefahr bedeutet die Beschäftigung der ausländischen Arbeiter für unser Volk insofern, als sie, die gewöhnlich auf einer niedrigeren Kulturstufe stehen, als der deutsche Arbeiter, diesen zu ihrem tieferen Niveau herabziehen und ihn gewissermaßen zu einem Arbeiter zweiter Klasse stempeln[18]).

Was nun die Frage des Lohndruckes durch die ausländischen Arbeiter betrifft, so ist darüber zu sagen, daß im Tiefbaugewerbe diese dieselben Löhne erhalten, als die einheimischen, daß sie den Unternehmern sogar noch teurer zu stehen kommen, als diese, da ihre Beschaffung, die Fürsorge für ihre Unterkunft und Verpflegung auch Unkosten verursachen. Ebenso müssen die ausländischen Arbeiter gerade so gut an den Kranken- und Invaliditätsversicherungen teilnehmen als die inländischen, da ja sonst das Befreitsein von den Versicherungen gewissermaßen eine Prämie für deren Anstellung bedeuten würde. Es ist auch schon vorgekommen, daß die ausländischen Arbeiter noch höhere Löhne erhalten haben, wie die einheimischen; so erzählen die amtlichen Mitteilungen aus den Jahresberichten der Gewerbeaufsichtsbeamten für Elsaß-Lothringen von 1895: „Die Italiener erhalten höheren Akkordsatz, weil sie regelmäßig kommen. Die Einheimischen betreiben oft Landwirtschaft als Nebenbeschäftigung und kommen nur zur Arbeit, wenn es ihnen paßt. Würden sie regelmäßig in den Steinbrüchen arbeiten, so würden sie den gleichen Lohn wie die Ausländer erhalten."

Sicher ist es für die deutsche Volkswirtschaft ein großer Verlust, wenn durch die ausländischen Arbeiter, die, da ihre Lebens-

---

[18]) S. auch Herkner: Die Arbeiterfrage.

bedürfnisse äußerst minimal sind, und sie infolgedessen große Ersparnisse zurücklegen können — mancher Arbeiter schickt in einer Saison bis 400 Mark in seine Heimat —, alljährlich Millionen ins Ausland wandern, um dort produktiv oder konsumtiv tätig zu sein; aber anderseits bleiben die Resultate der von den Ausländern ausgeführten Arbeiten bestehen, und „sind um so höher einzuschätzen, je mehr sie die Gesamtproduktivkraft nicht bloß quantitativ, sondern auch qualitativ, z. B. durch Ermöglichung des Großbetriebes oder der verfeinerten Arbeitsteilung gehoben haben"[19]).

Fassen wir nochmals das Gesagte zusammen, so kommen wir zu dem Resultat, daß im Tiefbaugewerbe die Beschäftigung der ausländischen Arbeiter für die einheimischen im allgemeinen keine Konkurrenz bedeutet, da das sozialpolitische Bestreben der öffentlichen Körperschaften jeweils regulierend auf den Arbeitsmarkt eingreift, und daß in Zeiten einer wirtschaftlichen Hochkonjunktur die ausländische Arbeitskraft ein erwünschter Zusatz zur einheimischen bildet.

Lohnverhältnisse.

Wie im übrigen Baugewerbe, so sind auch im Tiefbaugewerbe die Arbeitslöhne sehr verschieden, je nach der Gegend, wo sich gerade die Arbeitsstelle befindet, und je nach der geleisteten Arbeit. Weitaus vorherrschend ist die Entlöhnung nach der Zeit, selten und nur für einige Spezialarbeiten kommt Akkordlohn vor. So kommt es z. B. bei umfassenden Erdarbeiten zuweilen vor, daß sich kleinere Arbeitergruppen bilden, die, um einen höheren Taglohn zu erreichen, im Akkord arbeiten; an ihrer Spitze steht ein Vorarbeiter oder Schachtmeister, der sowohl dem Arbeitgeber als den Mitarbeitern verantwortlich ist. Die allgemeinen Bedingungen des Arbeitsvertrages, die für den Bau des Ems-Weserkanals vorgesehen sind, enthalten ganz besondere Bestimmungen für diese Arbeitergruppen, die „Arbeits-(Schacht-) Gesellschaften" genannt werden.

Folgende Lohntabelle, die von der bekannten Tiefbaufirma Grün &Bilfinger A.-G. in Mannheim stammt, gibt über die im Jahre 1907 von ihr in den verschiedensten Gegenden Deutschlands bezahlten Löhne Aufschluß. Die Durchschnittszahl dieser Löhne kann wohl als für ganz Deutschland gültig angenommen werden.

---

[19]) v. Waltershausen: Ital. Wanderarbeiter.

Von der Firma Grün & Bilfinger A.-G. in Mannheim im Jahre 1907 bezahlte Stundenlöhne in Pfg.

O.-Z.	Baustellen.		Vorarbeiter	Maschinist	Heizer	Tagner	Schiffer	Maurer und Pflästerer	Steinhauer	Steinbrecher	Mineure	Schlepper	Schotterklopfer	Zimmerer u. Wagner	Schmiede u. Zuschläger	Schlosser	Dreher	Köche und Laufjunge	Kantinier	Gesamt-Durchschnittslöhne
1.	Bahnbau Kappel-Bonndorf		52,5	44,4	34,6	35,1	—	45,1	—	—	—	—	47,2	46,0	38,9	—	—	32,6	35,0	36,6
2.	Bahnhofneubau Karlsruhe		51,0	46,2	38,3	36,9	—	47,6	—	—	—	—	—	49,8	42,4	43,7	—	36,8	32,4	39,0
3.	Auffüllung Landesgefängn. Mannheim		58,8	47,5	40,4	43,9	42,5	—	—	—	—	—	—	48,0	—	—	—	40,0	—	44,6
4.	Schlossgartenunterführung Mannheim		—	—	—	40,1	—	56,3	—	—	42,0	—	—	—	—	—	—	—	—	42,4
5.	Kranfundament Lagerhausges. do.		55,0	—	—	39,9	—	55,0	—	—	—	—	—	—	—	—	—	—	—	42,2
6.	Dükerverlegung Anilinfabr. Ludwigshafen		—	—	—	36,9	—	55,2	—	—	—	—	—	60,1	—	—	—	—	—	43,6
7.	Fusswegunterführung Kreuznach		—	—	—	35,8	—	54,1	—	—	42,0	—	—	—	—	—	—	—	—	40,6
8.	Bahnsteigtunnelverlängerung do.		—	—	—	35,4	—	54,6	—	—	42,0	—	—	—	—	—	—	—	—	37,8
9.	Bahnbau Boppard-Castellaun		59,0	42,8	33,7	35,3	—	49,4	48,5	—	44,3	35,9	42,1	59,7	40,8	44,6	—	31,6	33,2	39,6
10.	Anschlussbahn Wenheim-Angerhausen	Taglohn	50,9	46,1	40,3	39,3	40,0	—	—	—	—	—	—	50,0	—	—	—	40,0	—	43,3
		Akkord	—	—	—	53,7	—	—	—	—	—	—	—	—	—	—	—	—	—	53,3
11.	Anschlussbahn Hiesfeld-Dinslaken		47,8	46,3	38,5	36,8	—	51,0	—	—	—	—	—	54,0	39,4	—	—	35,2	37,5	38,1
12.	Mainbrücke Freudenberg		52,9	45,8	38,6	36,6	37,7	48,7	37,3	—	—	—	—	48,0	41,4	45,0	—	—	—	39,3
13.	Süd- und Nordbrücke Cöln		59,2	49,3	43,5	44,6	41,5	60,9	60,4	—	—	—	—	65,5	47,4	51,5	55,0	36,0	32,3	48,0
14.	Petroleumhafen Düsseldorf		51,2	47,4	37,0	37,6	40,8	56,3	—	—	—	—	—	54,6	42,6	—	—	37,4	—	41,7
15.	Uferbefestigung Neuer Hafen Düsseldorf		51,9	49,6	—	36,8	40,0	53,4	—	—	—	—	—	54,0	45,0	—	—	56,0	—	44,0
16.	Hafenbau Schwelgern		47,6	46,9	37,1	37,1	40,4	49,8	—	—	—	—	—	53,1	43,0	43,4	—	35,8	38,1	42,0
17.	Emscher-Verlegung		48,3	48,0	47,4	36,9	41,4	51,1	—	—	—	—	—	48,8	46,2	54,0	52,3	37,0	37,2	39,0
18.	Dükerverlegung Eddersheim		—	—	—	44,2	47,4	—	—	—	—	—	—	55,7	—	50,0	—	—	—	48,1
19.	Schleusenbau Cleve		51,2	45,2	34,0	37,3	—	—	—	—	—	—	—	45,7	36,9	—	—	26,5	—	39,1
20.	Tunnelbau Hagen	Stunden	56,5	48,9	39,1	39,5	—	—	—	—	45,8	—	—	52,3	44,8	52,1	58,4	36,8	34,5	41,3
		Schichten	83,6	—	—	43,2	—	58,1	—	—	53,5	48,3	—	—	—	—	—	29,0	—	53,5
21.	Rathausfundament Kiel		62,7	54,1	—	45,2	—	56,5	—	—	—	—	—	69,9	—	—	—	40,0	—	49,2
22.	Steinbruch Olsbrücken	Taglohn	66,4	—	—	28,6	—	40,7	36,5	42,3	—	—	—	—	43,4	43,7	—	14,4	39,0	36,6
		Akkord	—	—	—	—	—	—	57,4	66,4	—	—	—	—	—	—	—	—	—	60,2
23.	Centralwerkstätte Mannheim		56,6	48,2	40,9	38,4	—	—	—	—	—	—	—	57,0	55,4	47,7	50,4	—	—	44,3

Durchschnittslöhne. Vorarbeiter: 53,2; Maschinist: 47,4; Heizer: 38,8; Tagner: 39,0; Schiffer: 41,2; Maurer u. Pflästerer: 52,3; Steinhauer: 48,1; Steinbrecher: 54,3; Mineure: 44,9; Schlepper: 42,1; Schotterklopfer: 44,6; Zimmerer und Wagner: 54,0; Schmiede u. Zuschläger: 43,4; Schlosser: 47,6; Dreher: 54,1; Köche und Laufjunge: 35,3; Kantinier: 35,5.

Dem gegenüber betrugen die Durchschnittsstundenlöhne im Jahre 1903 für einen Vorarbeiter 43,5, Maschinisten 42,5, Heizer 32,9, Tagner 32,8, Schiffer 36,0, Maurer und Pflästerer 42,6, Steinhauer 61,0, Zimmerer und Wagner 45,7, Schmiede und Zuschläger 39,2, Schlosser 40,8, Dreher 45,3, Köche und Laufjungen 31,0, Kantinier 31,0 Pfennig, im Durchschnitt also 10 pCt. weniger als im Jahre 1907.

Die Firma Gebrüder Goedhart A.-G. in Düsseldorf bezahlte im Jahre 1908 als durchschnittlichen Arbeitslohn pro Tag: für einen Baggermeister 6 M., Dampferkapitän 6 M., Schachtmeister 8 M., Vorarbeiter 6 M., Erdarbeiter 5 M. Diesen von Privatfirmen gezahlten Löhnen mögen auch die einer Kommune vergleichsweise angeführt werden; die Stadt Karlsruhe bezahlte ihren Tiefbauarbeitern folgende Löhne:

Lohnverhältnisse der Tiefbauarbeiter der Stadt Karlsruhe in den Jahren 1899 bis 1908.

Zahl der Arbeiter am		Ermittelter Taglohn von Arbeitern	davon erhielten einen Taglohn von Mark																							
			2,40	2,50	2,60	2,70	2,80	2,90	3,00	3,10	3,20	3,30	3,40	3,50	3,60	3,70	3,80	3,90	4,00	4,10	4,20	4,30	4,40	4,50	4,60	4,70
1. V. 1899	155	119	—	48	59	—	1	—	1	—	5	—	—	4	—	—	—	—	—	—	—	—	—	1	—	—
1. I. 1900	163	159	—	63	60	9	13	3	2	—	5	—	—	3	—	—	—	—	—	—	—	—	—	1	—	—
1. I. 1901	215	—	—	—	—	—	—	—	—	—	—	—	—	—	—	—	—	—	—	—	—	—	—	—	—	—
1. I. 1902	137	—	—	—	—	—	—	—	—	—	—	—	—	—	—	—	—	—	—	—	—	—	—	—	—	—
1. I. 1903	161	—	—	—	—	—	—	—	—	—	—	—	—	—	—	—	—	—	—	—	—	—	—	—	—	—
1. I. 1904	177	173	—	7	37	40	67	8	5	—	4[1])	—	—	4[2])	—	—	—	—	—	—	—	—	—	1[3])	—	—
1. I. 1905	160	154	—	—	14	52	65	8	6	—	4[1])	—	—	4[2])	—	—	—	—	—	—	—	—	—	1[3])	—	—
1. I. 1906	192	157	—	—	4	9	45	74	5	8	6[1])	—	—	—	5[2])	—	—	—	—	—	—	—	—	1[3])	—	—
1. I. 1907	201	171	—	—	—	—	—	—	63	12	74	1	4	11[1])	—	—	5[2])	—	—	—	—	—	—	1[3])	—	—
1. I. 1908	165	145	—	—	—	—	—	—	2	18	21	15	67	2	2[1])	12[1])	—	—	5[2])	—	—	—	—	—	—	1[3])

Bemerkungen: [1]) = Vorarbeiter; [2]) = Meßgehilfen; [3]) = Aufseher.

Hierbei ist noch zu erwähnen, daß die schon länger als 5 Jahre von der Stadt Karlsruhe beschäftigten Arbeiter auf Neujahr eine Belohnung von 80 M., die länger als 10 Jahre von 100 M., und die länger als 15 Jahre im Dienste der Stadt stehen von 150 M. erhalten.

Die länger als 10 Jahre in städtischen Diensten stehenden Arbeiter gelten als „Ständige" und haben Anwartschaft auf Ruhegehalt für den Fall ihrer Arbeitsunfähigkeit und auf Hinterbliebenenversorgung für den Fall ihres Todes. (§ 24 des Arbeiterstatuts der Arbeiter der Stadt Karlsruhe.)

Eine besonders anstrengende Arbeit ist die in den Taucherglocken, bei der die Arbeiter sich unter Preßluft befinden. Im Jahre 1906 zahlte die Firma Holzmann & Co., G. m. b. H., in Frankfurt a. M. bei Wasserbauten in Wilhelmshaven laut Tarifvertrag für die bei der Taucherglocke beschäftigten Arbeiter folgende Stundenlöhne: An Arbeiter in freier Luft 38 Pfennig, an solche in Preßluft 60 Pfennig, an die in den sogenannten Betonschleusen der Glocke Beschäftigten 68 Pfennig, mit der Maßgabe, daß die Pausen als Arbeitszeit mitgerechnet werden. Wenn man bedenkt, daß z. B. in Hamburg die Maurer und Zimmerer im Baugewerbe tarifarisch festgelegte Stundenlöhne von 80 Pfennig erhalten, ist der den unter Preßluft Arbeitenden gezahlte Lohn, selbst wenn es ungelernte Arbeiter sind, doch als niedrig anzusehen, da diese Arbeit schlimme Krankheiten im Gefolge haben kann, z. B. die sogen. Caisson-Krankheit, und da sie sich besonders kräftig ernähren müssen, vor allem durch die teure Fleischkost. Die Arbeitszeit der Preßluftarbeiter ist durch die Tiefbauberufsgenossenschaft vorgeschrieben, und darf nicht über 6—10 Stunden betragen, je nachdem ein Ueberdruck von 1 bzw. 3 Atmosphären vorhanden ist. Nur ganz gesunde Arbeiter, die von Zeit zu Zeit ärztlich untersucht werden müssen, dürfen dabei Verwendung finden.

Beim Bau der Königin Luisen-Brücke über die Memel in Tilsit — Bauzeit 1904—1907 —, bei der fast alle Gründungs- und Maurerarbeiten im Regiebetrieb ausgeführt wurden, sind folgende Stundenlöhne durchschnittlich bezahlt worden:

An einen Maurer- oder Zimmerpolier 60 Pfg.,
„ „ „ „ „ gesellen 45 „
„ „ ungelernten Arbeiter 30 Pfg.

Die in den Städten also hauptsächlich von kleineren und mittleren Unternehmern bezahlten Löhne sind wohl am besten aus dem von den Gewerkschaften herausgegebenen Buche: „Die Tarifverträge der baugewerblichen Hilfsarbeiter bis zum Jahre 1907." (Hamburg 1908) ersichtlich. Eigentlich soll das Buch die Lohnverhältnisse im Hochbaugewerbe charakterisieren, doch zeigen die meisten der ca. 250 Tarifverträge auch Bestimmungen, die für den lokalen Tiefbau Geltung haben. In der folgenden Tabelle sind nach obigem Buche für einige Städte die daselbst im Jahre 1908 gültig gewesenen Stundenlöhne für Tiefbauarbeiten zusammengestellt und vergleichsweise die für Hochbauarbeiten dazugesetzt worden. Hierbei ist zu bemerken, daß auch die Hochbauarbeiten, die im Bereich des Tiefbaus liegen und besonders entlohnt werden, als Tiefbauarbeiten angesehen wurden.

Tarifarisch festgelegte Stundenlöhne im Baugewerbe im Jahre 1908.

Ort	Hochbau			Tiefbau			Bemerkungen
	Maurer	Zimmerer	Hülfsarbeiter	Maurer	Zimmerer	Hülfsarbeiter	
Altenburg S.-A.	50	50	40	70	70	60	
Barmen-Elberfeld	57	60	47	70	70	57	auch Betonarbeiter
Berlin	—	62½	50/55	—	77½	65/70	Betonbranche
Blankenese	80	80	70	90	90	80	
Bremen	65	65	50	75	75	60	
Crefeld	53	53	38/42	63	63	48/52	Betonarbeiter 55; 50% Zuschlag für Arbeiten direkt im Wasser
Danzig	54	52	36/39	80	78	58	
Duisburg	55	55	45	82½	82½	67½	
Emden	—	—	40	—	—	50	
Erfurt	52	51	42	72	71	62	
Erlangen	46	46	33	60	60	45	
Gotha	45	42	34	60	57	49	
Hamburg	80	80	50/80	90	90	60/90	
Hildesheim	45	45	35	nach Übereinkunft			
Stadtbauamt Hildesheim	—	—	35	do.	do.	do.	ausserd. warmer Kaffee gratis
Ingolstadt	38	38	28	54/58	48/58	38/48	
Itzehoe	—	—	50	—	—	55	
Karlsruhe	—	—	45	—	—	70[1])	[1]) direkt im Wasser
Magdeburg	55	55	43	65	65	53	
Mainz	—	—	38/42	—	—	38/42[1])	[1]) nur für Erdarbeiten
Mannheim-Ludwigshafen	—	—	—	—	47/55	38/45	50% Zuschlag für Arbeiten im Wasser
Mittweida	—	—	35/42	—	—	45/52	
Mühlhausen i. Els.	55	55	45[1])	85[2])	85[2])	75[2])	[1]) Erd-, Beton- u. Asphaltarb. 50; [2]) im Wasser
München	55	53	38	68[1])	59[1])	42[1])	[1]) Kanalbau
do.	—	—	—	50/55	55	42	Betonbau
Neuss	55	55	45	82½[1])	82½[1])	67½[1])	[1]) bei Arbeiten im Wasser
Nürnberg-Fürth	58[1])	58/62	43	68	68/72	53	[1]) Steinhauer 70
Pasing	55	53	41	—	—	52[1])	[1]) Schachtarbeiter
Planegg	—	—	37	—	—	74[1])	[1]) für Arbeiten direkt im Wasser
Rath	58	58	48	68	68	58	Arbeiten im Wasser 25% Zuschlag
Remscheid	55	55	45	65	65	55	
Seckenheim	—	—	43	—	—	53	Arbeiten im Wasser 50% Zuschl.
Segeberg	—	—	45	—	—	90[1])	[1]) im Wasser arbeitend

Ort	Hochbau			Tiefbau			Bemerkungen
	Maurer	Zimmerer	Hülfs-arbeiter	Maurer	Zimmerer	Hülfs-arbeiter	
Solingen	58	58	50	87	87	75	
Speyer	50	50	40	75[1])	75[1])	60[1])	[1]) für Arbeiten im Wasser
Stade	—	—	45	—	—	75[1])	[1]) do. do.
Starnberg	—	—	36	—	—	72	[1]) do. do.
Steinbeck	80	80	70/75	90	90	80/85	Erdarbeiter 50; Rammer 80
Strassburg i. Els. .	—	—	—	—	—	45	Erdarbeiter
Straubing	—	—	..	—	—	27/28	Erdarbeiter
Vegesack	52	52	43	65[1])	65[1])	53¾[1])	[1]) im Wasser
Wedel	—	—	—	—	—	60	Erdarbeiter
do.	—	—	—	—	—	50	Strassenbauer
do.	—	—	—	—	—	55	bei Siel-, Deich- u. Hafenbauten
Würzburg . . .	—	—	36/46	—	—	46,56[1])	Erdarbeiter; [1]) im Wasser arbeitend

NB. Wasser- u. Asphaltarbeiten sind unter die Tiefbauarbeiten gerechnet, auch wenn sie Teile eines Hochbaus sind.

Aus obiger Tabelle geht deutlich hervor, wie ganz verschiedenartig die Löhne in den verschiedenen Gegenden Deutschlands sind, wie wichtig es also für die Tiefbauunternehmer ist, sich schon vor der Kalkulation der Offerten über die ortsüblichen oder tarifarisch festgelegten Löhne zu vergewissern.

Die Arbeitszeit beträgt im Tiefbaugewerbe fast allgemein zehn Stunden. Eine Kündigungsfrist ist fast nirgends vorgeschrieben und kann die Arbeit ständlich begonnen und niedergelegt werden.

Organisationsverhältnisse.

Wohl in keinem anderen Gewerbe ist es schwerer, die Arbeiter zu einer Organisation zusammenzuschließen, als im Tiefbau, weil weitaus die Mehrzahl ungelernt ist. Über diesen Mißstand beklagt sich der Hauptvorstand des Zentralverbandes der baugewerblichen Hilfsarbeiter Deutschlands in seiner Schrift: „Lebenshaltung und Arbeiterverhältnisse des deutschen Bauhilfsarbeiters. Hamburg 1908.“ mit folgenden Worten: „Wo ein eigentlicher Lebensberuf nicht vorhanden ist, ist dem Arbeiter Interesse an den jeweiligen Arbeitsverhältnissen schwer beizubringen. Der nichtgelernte Arbeiter kann in der Grube, am Bau, auf See, in der Fabrik arbeiten; bald alle Berufe stehen ihm bei guter Konjunktur offen, und er wechselt den Beruf, sobald er glaubt, daß er sich verbessern kann. Erst dann, wenn er in einem Berufe einige Zeit bleibt, sich gewisse Verrichtungen und Handfertigkeiten angeeignet hat, ist es möglich, ihn für die Kämpfe um die Verbesserung der Lohn- und Arbeitsverhältnisse zu gewinnen. Bei schwankender Konjunktur verliert sich das Interesse wieder. Die Bauhilfsarbeiter und deren Organisation haben darunter am meisten zu leiden. Ihre Arbeitsleistung bedarf beinahe nur der physischen Eigenschaften. Wahllos kann jeder Arbeiter eindringen, wenn er nur die nötige Körperstärke und Gewandheit hat. Alle gelernten Berufe zollen dem Baugewerbe ihren Tribut an Hilfsarbeitern." Hält es schon schwer, die Hilfsarbeiter im Hochbaugewerbe zu organisieren, so ist es geradezu unmöglich für die Gewerkschaften, im Tiefbaugewerbe festen Fuß zu fassen; einmal sind hier die Elemente der ungelernten Arbeiter noch viel zusammengewürfelter, dann ist das Tiefbaugewerbe ein Wandergewerbe, das bald hier, bald dort Arbeitskräfte aufnimmt und wieder abstößt; ferner ist für die Organisation erschwerend, daß rund 10 pCt. aller Tiefbauarbeiter aus Ausländern besteht. Die sozialdemokratische Generalkommission der Gewerkschaften Deutschlands hat deshalb versucht, um die Ausländer als Lohndrücker und Streikbrecher zu beseitigen, diese in sich aufzunehmen, doch bisher mit keinem großen Erfolge; es erscheint sogar eine Gewerkschaftszeitung in italienischer Sprache: der „operaio italiano". Zur Bekämpfung dieser sozialistischen Bestrebungen sind in mehreren Städten Süddeutschlands vom katholischen Klerus italienische Prediger angestellt worden. Wenn der italienische Arbeiter auch gewöhnlich der gewerkschaftlichen Organisation nicht angehört, so ist er doch nicht ganz organisationslos; seine Organisation hat aber stets einen temporären Charakter, und wird jedesmal nur geschlossen, wenn er die Lohnverhältnisse verbessern will; besonders da, wo sie in größeren Trupps von 100 bis 200 Mann beisammen sind und an Zahl die Einheimischen überwiegen, können derartige Lohnbewegungen den Unternehmer zwingen, die Forderungen der Italiener zu bewilligen, da sie sonst allesamt weglaufen, und andere Trupps davon verständigen, so daß der betreffende Unternehmer auch keine anderen italienischen Arbeiter bekommen kann. Die „Freiburger Zeitung" vom 24. September 1892 berichtet von einem Falle, in dem streikende Italiener sogar die deutschen Arbeiter nötigten, die Arbeit einzustellen.

Der Verwaltungsbericht der Gewerbeaufsichtsbeamten für Elsaß-Lothringen von 1897 erzählt: „Bei dem geringsten Versuche, die höheren Löhne der Italiener herabzudrücken, verlassen dieselben die Arbeit und der betreffende Unternehmer bekommt auch keine anderen italienischen Arbeiter mehr, bis er ihre Lohnsätze wieder erhöht. Die günstige Lage des Arbeitsmarktes wird von denselben ausgenutzt, während die übrigen Arbeiter in ihrer Isoliertheit an dem wirtschaftlichen Aufschwung nur in verhältnismäßig geringem Maße teilgenommen haben. Allerdings können die nicht an Heim und Familie gebundenen Ausländer die Arbeitsstelle leichter verlassen, als die ansässigen einheimischen Arbeiter." Daß die Ausländer bei der Inszenierung von Streiks nicht den Schutz des § 152 des Gewerbegesetzes bedingungslos genießen, zeigt ein Fall, den die „Soziale Praxis" vom 20. September 1906 berichtet: In Metz waren die mit Kanalisationsarbeiten beschäftigten Arbeiter — meistens Italiener — in eine Lohnbewegung eingetreten, woraufhin die Polizei die Führer der Streikenden einfach als lästige Ausländer sofort auswies und die Arbeiter mit Ausweisung bedrohte, wenn sie nicht bis mittags 1 Uhr des Tages, an dem der Streik inszeniert wurde, wieder die Arbeit aufgenommen hätten. Die Italiener wurden also gezwungen, Streikbrecher zu sein, obwohl sie sich mit den deutschen Arbeitern für solidarisch erklärt hatten. Die Polizei hat es daher in der Hand, den praktischen Erfolg eines gewerkschaftlichen Einflusses auf die ausländischen Arbeiter direkt illusorisch zu machen, ein Moment, das gerade dem Tiefbaugewerbe, das viele Ausländer beschäftigt, sehr zu statten kommen kann. Besser organisiert sind die ungelernten Tiefbauarbeiter in Städten oder in deren Nähe, wo fast immer zahlreiche Tiefbauarbeiten, häufig in Verbindung mit Hochbauarbeiten, ausgeführt werden, die jedoch an Bedeutung an die großen Kanal-, Eisenbahn-, Tunnelbauten etc. nicht heranreichen und deshalb auch weniger die Arbeitslosen von anderen Gegenden anlocken; vielmehr sind die betreffenden Orte meist selbst imstande, die nötige Arbeiterzahl zu stellen aus Leuten, die in der Nähe ansässig sind, die schon lange baugewerkliche Hilfsarbeiter waren und die Arbeitsverhältnisse bereits kennen. Sie sind gewöhnlich kulturell höher stehend, an städtisches Leben gewöhnt und infolgedessen auch anspruchsvoller; bei diesen kann eine gewerkschaftliche Organisation eher Fuß fassen und sich entwickeln, als bei den Tiefbauarbeitern, die heute in dieser einsamen Gegend, morgen in einer anderen mit fast lauter fremden Arbeitskollegen zusammentreffen. Auch der gesellige Verkehr der Arbeiterfamilien unter sich in den Städten trägt einen Teil zur Erleichterung der Organisationsschwierigkeiten bei dieser Arbeiterkategorie bei. Wie aus oben erwähnter Sammlung der baugewerblichen Tarifverträge hervorgeht, sind also die städtischen Tiefbauarbeiter, sowohl die gelernten wie die ungelernten, mit den Hochbauarbeitern gemeinsam organisiert. Infolgedessen ist auch gerade in den Städten die Gegenorganisation der Arbeitgeber viel mehr ausgebildet und umfaßt Hoch-

und Tiefbau gemeinsam. Seit dem Jahre 1908 werden die Tarifverträge im Baugewerbe nicht mehr selbständig von jeder einzelnen städtischen Arbeitgeberorganisation abgeschlossen, sondern hinter allen abzuschließenden Verträgen steht der deutsche Arbeitgeberbund für das Baugewerbe mit dem Sitze in Berlin, auf Seiten der Arbeitnehmer die gewerkschaftlichen Zentralverbände. Auf diese Weise sind für die städtischen Bauarbeiten fast überall die Lohnsätze und Arbeitsbedingungen teilweise auf mehrere Jahre hinaus festgelegt, und können Arbeitnehmer und Arbeitgeber sich des gewerblichen Friedens erfreuen, was besonders für letztere, die kleineren Unternehmer, vorteilhaft ist, weil sie jetzt eine sichere Grundlage für ihre Kalkulationen haben, eine Grundlage, auf der jeder auf gleiche Weise seine Offerten aufbauen muß. Dieser Umstand wird das Submissionsverfahren auch für die kleineren Unternehmer erträglicher machen, umsomehr, als die Submissionspolitik der öffentlichen Körperschaften darauf gerichtet ist, die Einhaltung bestehender Tarifverträge zu verlangen. So erließ bereits am 19. Januar 1903 die württembergische Regierung eine diesbezügliche Bestimmung, wozu die „Soziale Praxis" vom 7. Mai 1903 folgendes bemerkt: „Die Lohnverhältnisse und die Dauer der Arbeitszeit sind darnach für den Arbeit vergebenden Staat nicht mehr quantité négligeable, sondern werden unter seine Kontrolle gestellt. Er sichert sich den Submittenten gegenüber von vornherein das Recht, ihre Betriebe nach diesen beiden Gesichtspunkten untersuchen zu dürfen. Vom Zuschlag bleiben ausgeschlossen „Angebote solcher Unternehmer, in deren Betrieben eine über das übliche Maß erheblich hinausgehende Arbeitszeit eingehalten wird, oder die Löhne hinter der in dem Gewerbezweig sonst üblichen Durchschnittshöhe erheblich zurückbleiben". Der Unternehmer staatlicher Arbeiten wird aber der neuen Verfügung zufolge sogar kontraktlich an seine Angaben über Arbeitslöhne und Arbeitszeit gebunden. In den Vertrag ist aufzunehmen „die Bestimmung, daß der Arbeitnehmer an die von ihm angegebenen Arbeitslöhne und Arbeitszeit oder, soweit Tarifgemeinschaften oder ähnliche Vereinbarungen bestehen, an die von diesen festgestellten Bedingungen gebunden sei". Damit ist, kurz gesagt, der korporative Arbeitsvertrag seitens der Staatsregierung geschützt. Die Organisation der Arbeiter ist damit feierlich als ebenso beachtenswertes Institut von einer deutschen Bundesstaatsregierung anerkannt wie die Unternehmerverbände. Daß davon die tariffreundlichen Betriebe den Vorteil haben, liegt auf der Hand, denn bisher stützte sich eben die Unterbietung in der Hauptsache auf die nichttarifmäßige Bezahlung der Arbeiter. Ein Passus der Ministerialverwaltung behält sich auch vor, daß der Staat bei säumigen Unternehmern die Arbeiter und Handwerker unmittelbar bezahlen darf.

Die bestorganisierten Arbeiter des Tiefbaugewerbes sind die Steinsetzer und Rammer[20]). Gesetzlich zählen diese zwar nicht zum Tiefbaugewerbe, sondern sind den Baugewerksberufsgenossenschaften zugeteilt, dem Wesen ihrer Arbeit entsprechend aber sind sie ebenso gut Tiefbauarbeiter wie die übrigen beim Straßenbau beschäftigten. Sie rekrutieren sich fast durchweg aus ortsansässigen Leuten, und ist infolgedessen das Band ihrer Organisation doppelt fest. Als eine Folge davon muß man die Tatsache betrachten, daß sie sogar in Zeiten einer allgemeinen wirtschaftlichen Krise, wie z. B. im letzten Jahre, es wagen konnten, in Lohnbewegungen zu treten und Erfolge zu erringen. Im Steinsetzergewerbe ist das Kleinunternehmertum weitaus vorherrschend; es handelt sich hier immer um Arbeiten, die von jedem ortsansässigen Unternehmer ausgeführt werden können, da sie einerseits jedes Risiko ausschließen, andererseits wenig Betriebskapital erfordern, indem die Behörden meist sämtliche Materialien und auch die Aufsichtsbeamten stellen, und kein großer Gerätepark erforderlich ist. Das Steinsetzergewerbe ist daher auch der einzige Tiefbauzweig, in dem sich der Geselle wie in früheren Zeiten noch zum Meister und Unternehmer ohne große Schwierigkeiten aufschwingen kann.

Wenn Dr. F. Imle in ihrem Buche sagt, daß wir ohne Bedenken das Steinsetzergewerbe als dasjenige bezeichnen können, in dem sich Arbeitgeber und Arbeitnehmer am nächsten getreten sind, und „wo die Sehnsucht nach dem sozialen Frieden schon am zielbewußtesten zum Ausdrucke gebracht wird“, so liegt die Ursache eben in dem Umstande, daß hier Arbeitnehmer und Arbeitgeber sich besser verstehen. weil sie meist keine großen sozialen Unterschiede trennt. Nach dem Korrespondenzblatt der Generalkommission der Gewerkschaften Deutschlands vom 5. September 1908 zu urteilen, spielt der Steinsetzmeister mehr oder weniger die Rolle des Vorarbeiters, und könne gerade beim Straßenbau am ersten das Unternehmertum ausgeschaltet werden, und die Regiearbeit an seine Stelle treten, ohne für die Kommunen teurer zu werden. Wie die Arbeiter dieses Berufes, so sind auch die Steinsetzmeister ebenso umfassend und geschlossen organisiert; sie haben nicht allein die Vorteile des korporativen Arbeitsvertrages erkannt, sondern sind sogar soweit gegangen, demselben im gemeinsamen Vorgehen mit den Arbeitnehmern behördlicherseits

---

[20]) Dr. Fanny Imle: Tarifverträge.

Geltung zu verschaffen, eine Tatsache, die die Hoffnung zuläßt, daß im Steinsetzergewerbe wieder ein zunftmäßiges patriarchalisches Verhältnis zwischen Meister und Geselle entstehen kann. Nach den Angaben von Dr. Imle betrug die Zahl der Tarifverträge im Tiefbaugewerbe im Jahre 1906 nach der reichsamtlichen Schätzung 36 mit einer Vertragsdauer von 1—5 Jahren. Diese Zahlen ergeben wohl ein ungenaues Bild des Vorkommens des korporativen Arbeitsvertrages im Tiefbaugewerbe, da, wie bereits erwähnt, die meisten gelernten Tiefbauarbeiter mit dem Schwesterberuf, dem Hochbau, gemeinsam organisiert sind, und in Städten auch die Hilfsarbeiter in ihre Organisation aufgenommen haben, soweit diese nicht selbständig organisiert sind. Auch ist es zweifelhaft, ob sämtliche im Tiefbaugewerbe abgeschlossenen Tarifverträge stets zu den Ohren der für die Statistik maßgebenden Organe gelangt sind.

Wenn auch die große Masse der bei den Tiefbauarbeiten Beschäftigten nicht organisiert ist, so werden sie deshalb doch nicht wirtschaftlich viel schwächer sein, als die organisierten Berufskollegen, da infolge des stets herrschenden Arbeitermangels die Tiefbauunternehmer gute Löhne bezahlen müssen, um überhaupt Arbeiter zu dem schweren Berufe heranzulocken. Selbst auch dann, wenn ein Streik ausbricht, werden die Arbeitgeber keine allzu große wirtschaftliche Stärke besitzen gegenüber den Arbeitnehmern, da die drohenden Konventionalstrafen, die Zeit- und somit die Zinsverluste die Forderungen der Arbeitnehmer zu unterstützen pflegen. Im gleichen Sinne äußert sich Dr. Flesch in seiner Schrift: „Was leistet der Arbeitsvertrag den Arbeitgebern?“, sowie Dr. Habersbrunner in seinem mehrfach schon angeführten Buche. Um eine wirtschaftliche Gleichstellung — um vom Standpunkte der Unternehmer aus zu sprechen — zwischen Arbeitnehmer und Arbeitgeber herbeizuführen, haben letztere allenthalben und wiederholt versucht, bei den staatlichen und städtischen Behörden die Einfügung der Streikklausel in die Verträge durchzusetzen. Am 17. Mai 1900 wurde von Seiten des organisierten Bauarbeitgeberverbandes an die Staats-, Provinzial- und größeren Kommunalbehörden sämtlicher Bundesstaaten eine Denkschrift betreffend die Aufnahme einer Streikklausel in die Bauverträge verschickt, als deren Zweck die Bekämpfung der Sozialdemokratie und die Hintanhaltung der wirtschaftlichen Schäden des Streiks bezeichnet wurde. Von den Antwortenden erklärten sich für eine Streikklausel: Gotha, Hanau, Stettin und Regensburg, doch nicht bedingungslos. Ablehnend verhielten sich das Staatsministerium von Braunschweig - Lüneburg, die Fürstlich Reuß-Plauigsche Landesregierung zu Reuß ä. L., die

Königliche Eisenbahndirektion zu Magdeburg, und der Magistrat von Hannover, Cöln, Aachen, Hildesheim, Meerane, Flensburg, Magdeburg und Freiburg i. Br., teils mit, teils ohne jede Begründung, und Krefeld wegen des Fehlens einer Geschlossenheit und Gemeinsamkeit der Arbeitgeber.

Folgende Behörden lehnen die Streikklausel ab, wollen aber jeweils wohlwollend über Fristverlängerung entscheiden: Charlottenburg, Augsburg, Chemnitz, das sächsiche Kriegsministerium, das sächsische Finanzministerium, Meiningen, Braunschweig, Pforzheim, Mühlheim a. Rh., das badische Ministerium des Innern, München-Gladbach, Münster, Witten, Zwickau, das bayrische Kriegsministerium, Leipzig, Bremen, Würzburg, Koblenz, die Regierung von Mittelfranken und Kiel. Dadurch ist also von den bedeutendsten staatlichen und städtischen Behörden anerkannt worden, daß eine Streikklausel in den Bauverträgen den Arbeitnehmern ihre Hauptverteidigungswaffe, das Streikrecht, entwinden würde, und einen einseitigen Arbeitsvertrag im Gefolge hätte, daß also der Arbeitnehmer eine behördlicherseits sanktionierte ungleiche Behandlung erfahren würde. Nach dem Rechtsgutachten des Kreisgerichtsrats Dr. Benno Hilse[1]) erscheint eine Entbindung von der Konventionalstrafe nur dann gerechtfertigt, wenn sozialpoltische Prinzipienfragen, wie z. B. Arbeiterfeiertag, Normalarbeitstag, den Streik herbeiführten, weil es sich dann um den Austrag einer die Allgemeinheit der Staatsbürger berührenden Arbeiterbewegung handelt. Dr. Habersbrunner schlägt vor, der Staat solie Schiedsgerichte einsetzen, die über die Berechtigung der Arbeiterforderung entscheiden, und ob die Konventionalstrafe zu bezahlen ist oder nicht. Ob diese Einrichtung beiden Parteien zusagen würde, müßte die Praxis zeigen.

III. Marktverhältnisse.

Wie bereits eingangs hervorgehoben wurde, ist es für das Tiefbaugewerbe charakteristisch, daß seine Produkte nicht auf Vorrat hergestellt werden können, so daß auch mit denselben kein Handel getrieben werden kann. Der Produktion geht das Bedürfnis der Konsumtion voraus. Dieses Bedürfnis geht weniger von einzelnen Privatwirtschaften aus, als vielmehr von den die Allgemeinheit vertretenden Körperschaften: von Staaten und Kommunen. Die Rechenschaft, die diese der Allgemeinheit schuldig sind, zwingt sie, deren Interessen

[21]) S. Dr. Habersbrunner.

zu wahren, ihr alle Gemeingüter so vorteilhaft wie möglich zu verschaffen. Dies kann nur dann geschehen, wenn bei der Vergebung der Aufträge alle Interessenten mit einander konkurrieren und dadurch ihren Unternehmergewinn auf ein Minimum reduzieren. Zu diesem Zwecke wird bei der Vergebung ein Verfahren angewandt, dessen Spuren sich schon einige Jahrhunderte vor Chr. Geb. erkennen lassen: das Submissionsverfahren, eine Vergebungsart, die von vielen Seiten angefeindet wird, und besonders in den letzten Jahrzehnten Gegenstand mehrerer wissenschaftlicher Untersuchungen wurde und häufig in Parlamenten, gewerblichen und Bürgerversammlungen Anlaß zu lebhaften Erörterungen gab, die zu allerlei Verbesserungen und Versuchen führten. In der Tat, gegenüber dem früher allgemein üblichen mündlichen Lizitationsverfahren, das einzig und allein darauf berechnet war, den fiskalischen Geldbeutel auf Kosten der Übernehmer der Arbeiten zu schonen, bedeutet das heutige schriftliche Submissionsverfahren, das immer mehr sozialpolitische Tendenzen in den Vordergrund rückt, einen Fortschritt. Das Submissionsverfahren wird aber, in welche Form es auch gekleidet werden mag, seine scharfen Gegner haben. Vor allem sind es die Sozialisten, die verlangen, daß die öffentlichen Körperschaften ihre Arbeiten in Eigenbetrieben ausführen sollen, also das Submissionsverfahren überhaupt für überflüssig halten. Dann sind es die Handwerker und Kleinunternehmer, die in dem Submissionsverfahren eine Gefahr für ihre berufliche Arbeit sehen, weil dadurch der Schwerpunkt der Arbeit nicht mehr auf die Qualität, sondern auf die Billigkeit gelegt würde. Im Tiefbaugewerbe, wo, wie wir gesehen haben, die Kleinunternehmer mehr und mehr den Großbetrieben weichen müssen und eigentlich nur noch lokale Bedeutung haben, hat das Submissionswesen mit seinen Nachteilen gewiß einen großen Teil zu einer solchen Entwickelung beigetragen, da erfahrungsgemäß die Kleinunternehmer, ganz abgesehen davon, daß sie nicht so leistungsfähig sind wie die Großunternehmer, häufig geradezu blindlings Offerten abgeben, die ihre Existenz gefährden, in der unlauteren Hoffnung, durch außervertragliche Mehrarbeiten sich wieder schadlos halten zu können, oder sogar im Gnadenwege die Verlustsumme oder einen Teil derselben zurückzuerhalten. So hat vor einigen Jahren bei einem Bahnhofsneubau ein Kleinunternehmer bei der Vergebung von Brückenwiderlagern, den die übrigen Arbeiten ausführenden Großunternehmer bedeutend unterboten, und obwohl die Bauverwaltung ihn von seiner Offerte entbinden wollte und ihn darauf aufmerksam machte, daß er zu dem verlangten Preise die Arbeit nicht ausführen könne, doch die Ausführung übernommen. Durch diesen Bau hat der

Unternehmer, wie vorauszusehen war, verhältnismäßig viel Geld eingebüßt und sich darauf an die Bauverwaltung gewandt, die ihm das verlorene Geld oder einen Teil desselben ersetzen sollte. Die Bauverwaltung, die nun nicht das Odium, einen Mann ruiniert zu haben, auf sich laden wollte, erstattete ihm wirklich einen Teil des Verlustes zurück, wird aber natürlich aus diesem Falle die notwendigen Konsequenzen gezogen haben und in Zukunft den Zuschlag nicht mehr an Submittenten erteilen, die offenbar unter dem Selbstkostenpreis arbeiten wollen. Eine Bauverwaltung ist dies schon den Kreisen gegenüber schuldig, die unmittelbar durch einen solchen Fall betroffen werden: den Arbeitern und Lieferanten, dann aber auch den reellen Unternehmern gegenüber. Meist sind es gerade die Übernehmer kleinerer Arbeiten, die Verluste erleiden, da bei dem geringen Umfang der Ausführung auch die Möglichkeit gering ist, für eventuelle Verluste Kompensationen zu finden. Vor allem kommt dieser Umstand bei Erdarbeiten in Betracht; werden die Vorarbeiten auch noch so genau gemacht, so spielt hierbei der Zufall doch eine gewisse Rolle, so daß alle Erdarbeiten mehr oder weniger Spekulationsobjekte sind. Wird z. B. bei der Ausführung einer Eisenbahn oder eines Schiffahrtskanals die Arbeit in viele kleine Loose eingeteilt, wie es die Kleinunternehmer wünschen, um sich dabei beteiligen zu können, so kann der Übernehmer des einen Looses unter Umständen viel Geld dabei verlieren, während der Übernehmer des Nachbarlooses bei gleichen Offertpreisen vielleicht viel verdient. Wird die Arbeit aber in große Loose eingeteilt, so werden die dabei in Frage kommenden Großunternehmer einen angemessenen Durchschnittspreis auskalkulieren und etwaige Verluste bei dem einen Teil der Arbeit bei dem anderen Teile durch unerwartete Verdienste wieder ausgleichen können, so daß ihr Kalkulations preis im Durchschnitt richtig angesetzt war. Im allgemeinen verlangen die Großunternehmer höhere Preise als die Kleinunternehmer, da sie eben über ein Personal verfügen, das im Stande ist, alle bei der Preisbildung wichtigen Momente in entsprechender Weise zu berücksichtigen, was die Kleinunternehmer vielfach vernachlässigen; eine Bauverwaltung kann also vielleicht Geld sparen, wenn sie ihre Arbeiten in kleine Loose einteilt. Beim Bau des Dortmund - Emskanals wurden 1398 Verträge mit Unternehmern abgeschlossen, „ein Zeichen, daß, soweit es ging, auch kleinere Unternehmer berücksichtigt wurden. Das Verfahren, mit vielen, auch kleinen Unternehmern zu arbeiten, hat zwar den Umfang der Geschäfte der Baubehörde erheblich vermehrt, andererseits aber dadurch, daß eine größere Zahl auch minderkapitalkräftiger Unternehmer zum Wettbewerbe kommen konnte, eine Verminderung der Kosten bewirkt"[22]). Bei diesem Kanalbau hat die Bauverwaltung auch mehrere Erd- und Baggerarbeiten im Eigenbetriebe ausgeführt, und zwar solche, bei denen der Umfang der Leistungen im Voraus schwer festzustellen war, oder wo, wie im Ebbe- und Flutgebiet, auf größere Gefahren gerechnet werden mußte, und die Unternehmer erheblich höhere Preise genommen haben würden. Wir haben hier also einen praktischen Fall dafür, daß eine Bauverwaltung die Ausführung von Arbeiten nur dann an Unternehmer vergeben hat, wenn deren Preise niedriger waren, als die Selbstkosten betragen haben würden. In gleicher Weise könnten natürlich die Bauverwaltungen einem kartellierten Tiefbaugewerbe entgegentreten, und dessen Preisbildung beeinflussen.

Auf die Technik des Submissionswesens braucht hier nicht mehr eingegangen zu werden, da zurzeit schon einige Spezialarbeiten darüber vorhanden sind; es soll nur das erörtert werden, was für das Tiefbaugewerbe besonders von Einfluß ist. Bekanntlich unterscheidet man ein engeres und ein allgemeines Submissionsverfahren. Das engere darf bestimmungsgemäß nur dann angewandt werden, wenn nur ein beschränkter Kreis von Unternehmern die Arbeiten in geeigneter Weise ausführen kann, oder nach einer vorausgegangenen ergebnislos verlaufenen allgemeinen Submission, oder bei Arbeiten, deren Voranschlag nur eine geringe Summe zeigt, so daß die Unkosten der Ausschreibung unverhältnismäßig hoch werden würden. Die engere Submission findet in der neuesten Zeit beim Tiefbaugewerbe vermehrte Anwendung, seit die Kunstbauten mehr und mehr aus Beton und Eisenbeton hergestellt werden, eine Bauweise, in der die älteren Verwaltungsingenieure wenig Erfahrung besitzen, und infolge dessen derartige Arbeiten auch mit Recht nur an vertrauenswürdige, erprobte Spezialfirmen übertragen, die eine Gewähr für gute Ausführung bieten. Die zum engeren Wettbewerbe aufgeforderten Unternehmer bekommen die zur Projektierung allernotwendigsten Unterlagen zugeschickt mit dem Bemerken, daß ihnen die näheren Vorschläge in Betreff der einzelnen Anlagen und Einrichtungen überlassen bleiben. Was diese „näheren Vorschläge" aber bedeuten, weiß jeder Beteiligte; es ist nichts anderes, als eine vollständige Projektbearbeitung, die die Bauverwaltung auf diese Weise in mehreren Variationen sich kostenlos verschafft. Oft ist die gestellte Frist für die Einlieferung der Projekte auch noch so kurz bemessen, daß das

---

[22]) Der Bau des Dortmund—Emskanals, bearb. i. Auftr. d. Herrn Ministers der öffentl. Arbeiten.

ganze technische Personal eines Unternehmers bei der Bearbeitung beschäftigt werden oder gar mit Überstunden arbeiten muß, und die Arbeit bekommt vielleicht ein anderer übertragen. Wie kann sich der Unternehmer vor dem dadurch erlittenen, oft nicht unbedeutenden finanziellen Schaden schützen? Er muß bei einer anderen Submission, bei der er als Sieger hervorgeht, — oft genug ist es allerdings ein Pyrrhus-Sieg —, die Unkosten wieder einzuholen suchen, eine Handlungsweise, die das Selbsterhaltungsinteresse des Unternehmers erheischt, und wodurch allerdings die Güte der geleisteten Arbeit in Frage gestellt werden kann. Oder aber die aufgeforderten Unternehmer schließen sich zusammen und vereinbaren, ohne sich gegenseitig ihre Preise zu verraten, daß der, welcher den Auftrag bekommt, den anderen zur Deckung ihrer bei der Projektbearbeitung entstandenen Unkosten einen gewissen Prozentsatz der Vertragssumme überläßt. In England muß z. B. der Unternehmer, der den Zuschlag erhalten hat, 5 pCt. an diejenigen Mitbewerber zahlen, die nicht berücksichtigt wurden[23]). Dieses Verfahren ist in moralischer Hinsicht völlig unbedenklich; da keiner die Preise des andern kennt, ist das Grundmoment des Wettbewerbes vollständig gewahrt. Jeder Beteiligte wird eben seiner Schlußsumme diejenige hinzufügen, die er den Mitbewerbern, im Falle daß ihm die Arbeit übertragen wird, zu zahlen hat, und bürdet dadurch der Bauvergebenden wieder diejenigen Kosten auf, die diese mit Recht zu tragen hat. Dafür kann aber auch der Unternehmer die Arbeit ordnungsgemäß ausführen, ohne gezwungen zu sein, die Bahnen der Rechtschaffenheit zu verlassen. Ein etwas anderer Fall ist aber der, wenn die beteiligten Unternehmer vor der Submission sich zusammenschließen und unter sich ausmachen, welche Preise jeder verlangen soll, also wer die Arbeit ausführen soll. Dadurch wird das ganze Submissionsverfahren illusorisch; juristische Bedenken stehen jedoch einer derartigen Handlungsweise der Unternehmer nicht gegenüber, da das Reichsgericht bereits dahin entschieden hat, daß derartige Abmachungen nicht gegen die guten Sitten verstoßen. In der Urteilsbegründung führte das Reichsgericht Folgendes aus: „Der Wettbewerb veranlasse den einzelnen Bewerber, seine Preise so niedrig zu stellen, daß er annehmen dürfe, von seinen Mitbewerbern nicht überboten zu werden. Die Ausschreibung einer Konkurrenz (Submission) dränge also die Bewerber in eine Stellung, die wirtschaftlich schwächer sei als die, welche der Unternehmer habe in einem Falle, wo ein Wettbewerb nicht stattfinde. Wenn die Bewerber in solcher Lage zusammentreten, um ihre wirtschaftlich schwächere

[23]) Janssen: Das Submissionswesen im Tiefbaugewerbe.

Stellung auszugleichen, sich über die Preise, die sie vorerst fordern wollten, einigen, um zu verhüten, daß der Lohn für die zu erwartende Arbeit auf ein Maß herabgesetzt werde, das einen angemessenen Verdienst in Frage stelle, so sei eine solche, durch die wirtschaftliche Notwehr gebotene Abmachung als an sich durchaus erlaubt und nicht gegen die guten Sitten verstoßend zu erachten. Inhalt, Zweck und Erfolg des Vertrages sei nicht eine Täuschung der Behörde gewesen, welche zu der fraglichen Submission aufforderte, sondern eine derartige Gestaltung der Angebote, daß den Bietern aus der Konkurrenz ein möglichst geringer Schaden erwachse. Irgend ein Unrecht gegen die die Konkurrenz ausschreibende Behörde lag nicht vor, da dieser völlig frei stand, die Angemessenheit der Gebote zu prüfen und danach ihre Entscheidung zu treffen; auch fehlt es an jeder Verpflichtung, dem Werkverdinger die getroffene Abmachung mitzuteilen." Diese Reichsgerichtsentscheidung wird zur Folge haben, daß, besonders bei engeren Submissionen, in Zukunft die beteiligten Unternehmer sich mehr als bisher vorher einigen, zu welchem Preise, und wer den Auftrag erhalten soll. Sollten die Unternehmer hierbei die Grenzen der Angemessenheit des Preises überschreiten, so werden die Behörden sich gezwungen sehen, die Arbeit im Eigenbetriebe auszuführen oder die Arbeit in einer allgemeinen Submission zu vergeben.

Bei der öffentlichen Submission ist es erforderlich, daß die ausschreibende Behörde einen völlig ausgearbeiteten Entwurf mit einem Kostenvoranschlag bereits angefertigt hat. Der Voranschlag wird streng geheim gehalten, außer da, wo noch das rückständige und verwerfliche prozentuale Abbietungsverfahren im Gebrauche ist, wie zum Beispiel in Nürnberg. Um eine Regelung der Vergebung von Arbeiten im Submissionswege herbeizuführen, haben die staatlichen und meisten kommunalen Verwaltungen hierfür allgemein gültige Grundsätze aufgestellt. Die preußischen Submissionsbestimmungen, die als mustergültig angesehen werden können, schreiben z. B. vor, daß der Gegenstand der Ausschreibung in allen wesentlichen Beziehungen bestimmt zu bezeichnen ist. Nirgends ist die Ausführung dieser Vorschrift wichtiger als im Tiefbaugewerbe. Ohne ausreichende, bis ins kleinste Detail genau vorbereitete Vorarbeiten ist eine genaue Kalkulation seitens der Submittenten ausgeschlossen, ist der Spekulation Tor und Tür geöffnet.

Auf mangelhafte Vorarbeiten sind manche sogen. Submissionsblüten zurückzuführen, die dem Nichtsachverständigen, wenn er durch die Zeitungen Kenntnis davon erhält, so unbegreiflich erscheinen. Es können sogen. Submissionsblüten entstehen, ohne daß ein einziger der

Submittenten ein Angebot abgegeben hat, das seinem Interesse widerlief. Es handele sich z. B. bei einem Bahnbau um die Lösung und Bewegung von 10 Mill. Kubikmeter verschiedener Erdmassen, deren Beschaffenheit durch Probebohrungen so genau wie möglich festgestellt wurde. Ein Unterschied von 10 Pfennig pro Kubikmeter macht dann allein schon eine Million Mark aus, und eine so geringe Kalkulationsdifferenz kann oder vielmehr wird sich immer ergeben, selbst unter der Voraussetzung, daß die an der Submission beteiligten Firmen alle unter gleichen Existenzbedingungen arbeiten können und gleich genau und mit gleicher Erfahrung kalkuliert haben. Treten aber noch die Umstände hinzu, daß die Submittenten wirtschaftlich nicht gleichgestellt sind, was ja immer der Fall ist, so kommt zu obigem Differenzbetrag von 1 Million Mark noch die Summe hinzu, die ein richtig rechnender Unternehmer, der teilweise mit fremdem Kapital arbeitet, für dessen Beschaffenheit, für den höheren Zinsfuß etc. einsetzen muß. Ferner ist bei der Kalkulation zu berücksichtigen, ob der vorhandene Gerätepark ausreicht, oder ob große Neuanschaffungen bei Übertragung der Arbeit erforderlich werden, die dann nach deren Vollendung vielleicht wieder lange Zeit unbenützt bleiben, altmodisch werden und dadurch bedeutend an Wert verlieren, so daß dem Submissionsangebot gleich ein bedeutender Betrag zur Amortisation der Geräte hinzugeschlagen werden muß. Auf der anderen Seite wieder besitzt ein Unternehmer, der sich gleichfalls an der Submission beteiligt, die nötigen Geräte, die vielleicht gerade in diesem Zeitpunkt frei geworden sind, und deren Amortisation durch frühere Arbeiten bereits vollständig erfolgt ist, so daß er dafür nichts oder nur wenig bei seiner Kalkulation berechnen braucht. Oder ein Unternehmer ist gerade durch den Besitz eines großen noch nicht amortisierten Geräteparks gezwungen, sein Angebot so niedrig als möglich zu gestalten, um nur wenigstens das Kapital herauszuschlagen, das zu dessen Verzinsung erforderlich ist, wenn der eigentliche Unternehmergewinn auch dabei illusorisch wird. Bei der Preisbildung kann auch ein maßgebender Grund für ein billiges Angebot der sein, daß ein Unternehmer für seinen mühsam herangezogenen Arbeiter- und Beamtenbestand unbedingt Arbeit haben will, um zu verhüten, daß sich derselbe zerstreut. Außerdem kommen noch manche andere Gesichtspunkte bei der Festsetzung des Preises in Frage, wie z. B. günstige oder ungünstige Material- und Gerätekäufe, tüchtigeres, besser geschultes Personal, billigeres Betriebskapital etc. Es kann auch vorkommen, daß ein Unternehmer ungewöhnlich hohe Preise fordert, weil er gerade stark beschäftigt ist und deshalb nicht ernstlich auf die vorliegende Arbeit reflektiert, sondern nur unter den Submittenten mitgenannt sein will. Der Preis wird von diesem dann so hoch gestellt werden, daß, wenn er doch wider Erwarten mit der Arbeit betraut werden sollte, jede Extraaufwendung, z. B. für Neuanschaffung von Utensilien, Vergrößerung der Beamtenschaft usw. reichlich vergütet, sowie ein guter Verdienst erzielt wird[24]). Wissentlich zu niedrige Preise werden manchmal von solchen Unternehmern gestellt, die sich bekannt machen wollen und dem Renommée, für öffentliche Körperschaften gearbeitet zu haben, freiwillig etwas Geld opfern, was auf Konto Reklame zu setzen ist. Daraus geht hervor, daß man nicht schlechthin von Submissionsblüten sprechen kann, wenn der Preisunterschied sehr bedeutend ist, daß vielmehr jeder Submittent ein seinen Verhältnissen entsprechendes Angebot gemacht haben kann; denn oben angeführte Faktoren, die von jedem Unternehmer gebührend gewürdigt werden müssen, sind allein schon imstande, die Differenz zwischen dem höchsten und niedrigsten Angebot bei dem Umfang der Arbeit unseres Beispiels auf einige Millionen Mark anwachsen zu lassen. Der Differenzbetrag wird aber noch größer werden, wenn sich bei der Submission auch unreelle Unternehmer beteiligen, die einen recht niedrigen Preis verlangen, um die Arbeit übertragen zu bekommen, und dann durch unlautere Mittel versuchen, trotz des billigen Preises noch einen Verdienst zu erzielen. Andere wieder stellen unglaublich billige Offerten, um durch die während der Arbeit geleisteten Abschlagszahlungen alte Schulden zu tilgen, und sich dadurch wieder eine zeitlang über Wasser zu halten, da ihre Kreditfähigkeit durch den Staatsauftrag erhöht wird. Es kam auch schon vor, daß als unsolid bekannte Unternehmer sich mit Hilfe von Gerätevermietungs- und Materiallieferungsfimen, von denen sie die Geräte und oft auch Kapital geliehen erhielten, an den Submissionen beteiligten, und dabei die reellen Unternehmer aus dem Felde schlugen. Die Folge davon war dann oft, daß jene das Wenige, das sie noch besaßen, zusetzten und schließlich nicht mehr weiter arbeiten konnten. Die Lieferanten nun, die sich durch die Zession der Unternehmerforderungen von Anfang an gesichert hatten, waren dabei die einzigen Gewinner, da sie auf diese Weise, ohne besonderes Risiko den Absatz ihrer Materialien und Geräte gefördert hatten. Als eine unreelle Manipulation muß es auch bezeichnet werden, wenn Submittenten absichtlich Rechenfehler machen, um einerseits die Konkurrenten zu täuschen, andererseits die Möglichkeit zu haben, nach Eröffnung der Angebote noch Nachgebote machen zu können mit dem Hinweis auf die richtig angesetzten Einheitspreise, die bei der Zu-

[24]) Dr. Krause: Zur Reform des Submissionswesens im Baugewerbe.

schlagserteilung allgemein maßgebend sind. Als eine Unsicherheit für die Kalkulation ergibt sich auch der Umstand, daß manchmal Einheitspreise verlangt werden für Leistungen, deren Umfang in keiner Weise angegeben wird; setzt ein Submittent für derartige unbestimmte Positionen zu niedrige Preise ein, in der Meinung, der Umfang derselben könne nur gering sein, und es stellt sich später heraus, daß er sich getäuscht hatte, so kann er dadurch große Verluste erleiden, im umgekehrten Falle, wenn er hohe Einheitspreise angesetzt hatte, kann er viel verdienen, wenn ihm die Arbeit übertragen wird. Hierin liegt also wiederum ein Moment, das das Spekulative des Tiefbaugewerbes erhöht.

Es ist noch der Fall zu erwähnen, wenn ein Unternehmer, um die unliebsame Konkurrenz um jeden Preis aus dem Felde zu schlagen, bei einer Arbeit wissentlich Geld zusetzt; denn wenn er den anderen die Arbeitsgelegenheit raubt, schädigt er sie. Eine derartige Machination kann sich jedoch nur eine Unternehmung erlauben, die finanziell gut fundiert ist, und die die Möglichkeit hat, — etwa als technische Hand einer Großbank — vielleicht auf dem internationalen Markte Arbeiten zu erhalten, die Gewinne einbringen, im Vergleich zu denen der im Inland erlittene Verlust wenig in Betracht kommt.

Nun kommt es öfters vor, daß die eingelaufenen Submissionsangebote im Durchschnitt überhaupt nicht mit dem Voranschlag der Bauverwaltung übereinstimmen, was diese leicht zu der Annahme verleiten könnte, daß ungebührliche Preise verlangt worden wären, während in Wirklichkeit die Bauverwaltung sich verrechnet hatte. Regierungsbaumeister a. D. Janssen schreibt im Zentralblatt der Bauverwaltung vom 14. Oktober 1908 die Schuld solcher Fehler dem Umstande zu, daß die mit der Aufstellung des Voranschlags betrauten Organe zu wenig Erfahrung in der Kalkulation besäßen: „Der wissenschaftlich geschulte Bauingenieur ist an ein streng richtiges Arbeiten gewöhnt und kann bei der Aufstellung seiner Entwürfe hiernach verfahren. Sobald aber die Frage nach den Kosten an ihn herantritt, verläßt ihn die Wissenschaft, er ist auf Erfahrungen oder auf Sammlungen von Preisen und auf sein Gefühl angewiesen. Dies rächt sich dann bei der Ausführung, führt zu verfehlten Kostenberechnungen und andererseits auch zu den mangelhaften Verdingungsunterlagen, die mit Recht als einer der größten Mißstände des Verdingungswesens bezeichnet werden.“

Seit kurzem ist denn auch Janssen von der Technischen Hochschule in Charlottenburg mit Vorlesungen und Übungen für exakte Kostenberechnungen betraut worden, ein Lehrfach, das auch die übrigen technischen Hochschulen für die Studierenden des Bauingenieurwesens als obligatorisches einführen sollten.

Allen Folgen, die durch mangelhafte Vorarbeiten entstehen können, suchen sich die Bauverwaltungen durch Abschluß entsprechender Verträge zu entziehen; diese ragen oft durch ihre große Einseitigkeit hervor, werden aber trotzdem von den Unternehmern angenommen, da diese sich in ihrer Organisationslosigkeit machtlos fühlen, ihre Gleichstellung mit der anderen Vertragspartei durchzusetzen. Es hat ja sicherlich seine gute Berechtigung, wenn eine bauvergebende Behörde sich vor Übervorteilungen schützen will, andererseits sollte sie aber auch nicht ihre ökonomische Machstellung dazu benützen, die Unternehmer zu schädigen. Gewiß liegt es nicht in der Absicht der Bauverwaltungen, ihnen einen Nachteil zu verschaffen, sie wollen sicn nur für etwa gemachte Fehler durch Verträge rückenfrei halten, um nicht zur Verantwortung gezogen werden zu können. Einen recht drastischen Fall dafür berichtet die Deutsche Tiefbauzeitung vom 5. März 1908. In den meisten Verträgen übernimmt die Bauverwaltung keine Gewähr für die zu fördernden Bodenarten, ob Sand, Lehm, Ton oder Fels, ebenso nicht für die Richtigkeit der von ihr ermittelten Massen, verlangt aber vom Unternehmer, daß er sich vor Abgabe seiner Offerte selbst die Überzeugung verschafft und jede Verantwortung allein und vermögensrechtlich trägt. So entsteht die Meinung, die Bauausführung nicht mehr als Arbeit, sondern als Spekulationsobjekt zu betrachten, da gewöhnlich die Zeit zwischen Ausschreibung und Verdingung für eine eingehende Bodenuntersuchung einer Strecke von vielleicht 20 oder mehr Kilometern zu kurz bemessen ist. Hierbei ist noch der Mißstand, daß alle Submittenten, jeder für sich, die oft nicht unbeträchtlichen Unkosten für derartige Untersuchungen tragen müssen, und daß der Bauer sich von allen vielleicht in bestelltem Boden herumbohren lassen muß, anstatt einer einmaligen gründlichen Bodenuntersuchung seitens der Bauverwaltung. Daß trotz der festgelegten Verträge die Bauverwaltungen für nachgewiesene Verschuldungen verantwortlich gemacht werden können, zeigen verschiedene Schiedssprüche, durch die eine Eisenbahndirektion verurteilt wurde, an verschiedene Unternehmer hohe Beträge zu zahlen. Umgekehrt wird es aber kaum vorkommen, daß, wenn die vorgefundenen Bodenarten leichter zu bearbeiten sind, als angenommen war, die Bauvergebende Ersatzansprüche stellt, obwohl sie auch dadurch der ungesunden Spekulation Abbruch tun könnte. Wie weit die Einseitigkeit von Verträgen gehen kann, möge hier an zwei Beispielen gezeigt werden. Das erste ist der Deutschen Tiefbauzeitung vom 5. April

1908 entnommen: Eine Behörde hat in ihren Bietungsbedingungen folgenden § 7 aufgenommen: Zweck dieser Ausschreibung ist, von einer größeren Anzahl sachkundiger Bewerber völlig unabhängig voneinander verfaßte Angebote zu bekommen, die die ausschreibende Behörde instand setzen, daraus entweder direkt das angemessenste Angebot zu wählen, oder auf Grund der §§ 5 und 6 zu verfahren (in denen sich die Behörde eine ganz willkürliche Auswahl unter den Bewerbern vorbehält). Es ist daher jede Verhandlung oder Vereinbarung über Preisfestsetzungen zwischen den beteiligten Bewerbern, mögen diese in einer oder mehreren Gruppen oder in irgend einer sonstigen Form erfolgen, verboten. Die Bewerber haben vielmehr, jeder für sich, die Angebote zu bearbeiten und unter Beobachtung allseitiger absoluter Verschwiegenheit einzureichen. Jeder Bewerber hat bei Abgabe des Angebots eine schriftliche Versicherung einzureichen, daß er Vereinbarungen über Preisfestsetzungen mit irgend einem anderen Bewerber direkt oder indirekt nicht getroffen, auch nicht schriftlich oder mündlich mit irgend einem anderen Bewerber direkt oder indirekt über die Preise Verhandlungen geführt, sondern daß er vielmehr für sich das Angebot bearbeitet und absolute Verschwiegenheit über sein Angebot bewahrt hat. (Der Anbieter macht sich also schon strafbar, wenn er nur gesprächsweise mit einem andern die Arbeit bespricht, bezüglich Preise und Kalkulation.) § 8. Zuwiderhandlungen des § 7 haben zur Folge, daß 1. die beteiligten Bewerber bei ferneren Ausschreibungen nicht mehr zugelassen werden, 2. jeder der beteiligten Unternehmer in eine sofort vollstreckbare Strafe von 1000 M. — mit Worten: eintausend Mark — verfällt. § 9. Werden die Zuwiderhandlungen gegen die Bestimmungen des § 7 erst nach erfolgtem Zuschlage und Vertragsabschluß offenkundig, so treten außer den Bestimmungen des § 8 noch die folgenden in Kraft: 1. Die von dem Unternehmer gestellte Sicherheit verfällt zugunsten der Kasse des Kanalisationsverbandes. 2. Der Unternehmer zahlt an den Kanalisationsverband eine Entschädigung von 20% — zwanzig Prozent — der Vertragssumme. 3. Der Kanalisationsverband kann außerdem den Vertrag sofort für null und nichtig erklären. In diesem Falle erfolgt, wenn die Arbeiten bereits zum Teil ausgeführt sind, die Abrechnung der fertiggestellten Arbeiten zu den Akkordsätzen mit 20% — zwanzig Prozent — Abzug. Das Gleiche gilt, wenn die Arbeiten bereits fertiggestellt sind. 4. Eine Verjährung dieser Auflagen tritt nicht ein. § 10. Die Bedingungen bilden einen Bestandteil des Vertrages und sind vor Aushändigung der der Ausschreibung zugrunde liegenden Unterlagen unterzeichnet einzusenden.

Das zweite Beispiel ist aus „Janssen: Submissionswesen im Tiefbaugewerbe“ entnommen, auf welche Schrift besonders hingewiesen sei. Bei den Chausseebauten in Mecklenburg werden detaillierte Verdingungsanschläge mit genau berechneten Maßen der öffentlichen Ausschreibung zugrunde gelegt. In den Ausschreibungsbestimmungen heißt es dann aber: „Für die zu leistenden Lieferungen ist aber nicht der Anschlag maßgebend, sondern der wirkliche Bedarf zur planmäßigen Ausführung nach den gesetzlichen Bestimmungen. Sollten hierzu die veranschlagten Materialmengen teilweise nicht ausreichen, so hat der Unternehmer unentgeltlich die erforderlichen Mehrlieferungen zu leisten. Ob und inwieweit sich für solche etwaige Mehrleistung ein Ausgleich durch anderweitige Minderleistung schaffen läßt, hat der Baubeamte zu entscheiden. Einen Anspruch auf solchen Ausgleich hat der Unternehmer nicht.“ „Deutlicher kann wohl kaum der fiskalische und formale Standpunkt der ausschreibenden Behörde zum Ausdruck gebracht werden.“

Als ein Mißstand wird es oft empfunden, wenn die Bauverwaltungen aus Bequemlichkeit eine Reihe von Arbeiten ganz verschiedener Art mit in den Kubikinhalt einrechnen, um nicht für jede besonders eine Position aufführen zu müssen. Dadurch können große Differenzen mit den Submittenten bei der Ausführung und bei der Berechnung der Preisofferten entstehen. Um dies zu verhüten, hat der preußische Minister der öffentlichen Arbeiten angeordnet, auf eine Eingabe des Innungsverbandes Deutscher Baugewerksmeister vom Herbst 1907 hin, daß derartige Sammelpositionen nur in Ausnahmefällen aufgestellt werden sollen, daß aber in der Regel die Arbeiten in einzelnen Positionen ausgeworfen werden müßten.

Von vielen Unternehmern, hauptsächlich von den kleineren, wird häufig darüber geklagt, daß die zu stellenden Kautionen zu groß bemessen seien und zu lange einbehalten werden. Wie aber sollte sich eine Behörde sichern können gegen unsachgemäße, nicht vertragsmäßige Ausführung, deren Mängel oft genug erst nach Ablauf der Haftungszeit zutage treten, und auf welche Weise könnte den Arbeitern und Handwerkern der Lohn für ihre mühsame Arbeit besser gesichert werden als durch eine angemessene Kaution? Der Verband der Deutschen Tiefbauunternehmer hatte vor einiger Zeit die Gründung einer Kautionsgenossenschaftsbank angeregt, aber der Plan scheiterte, wahrscheinlich an der Schwierigkeit, das Unternehmen zu fundieren, und aus betriebstechnischen Bedenken. Sicherlich würde ein genossenschaftlicher Zusammenschluß der kleineren und mittleren Unternehmer auch diese Frage der Beantwortung näher führen.

Naturgemäß ergeben sich im Tiefbaugewerbe durch die vielen Unsicherheiten auch manche Differenzen zwischen Unternehmer und Bauverwaltung; zu deren Beilegung kann man sich entweder auf gütlichem Wege einigen, oder ein ordentliches Gericht anrufen, oder die Entscheidung in die Hände eines Schiedsgerichts legen. Ein privater Vergleich ist seitens fiskalischer Behörden meistens unmöglich, weil die Oberrechnungskammer „den goldenen Mittelweg nicht kennt und die schönste Motivierung eines Vergleiches mit dem Hinweis auf die gesetzlichen Bestimmungen zum Schrecken des betreffenden Beamten ablehnen kann". (Mitteilungen des Verbandes der deutschen Tiefbauunternehmer vom 10. Oktober 1905.)

Der zweite Weg ist meistens zu zeitraubend und zu kostspielig und befriedigt in den seltensten Fällen den Unternehmer, selbst wenn er in dem Prozesse als Sieger hervorgehen sollte, da ja während der Dauer desselben das strittige Kapital festgelegt ist und somit nicht zum Betriebe verwendet werden kann, so daß dadurch, wenn das Streitobjekt sehr groß ist, sogar die Existenz des Unternehmers in Frage gestellt werden kann. Aber auch für die Behörden können derartige Prozesse unangenehm wirken, indem während deren Dauer die Abrechnung der Etats nicht vorgenommen werden kann, und der noch vorhandene Baufond zur eventuellen Deckung noch Jahre hindurch disponibel bleiben muß, oder, wenn kein Baufond mehr vorhanden ist, muß er bei verlorenem Prozeß neu in den Etat eingestellt und seine Bewilligung nachgesucht werden. Mit Rücksicht auf diese Nachteile sind beide Parteien stets gerne geneigt, einen vorgeschlagenen Vergleich einzugehen, der Unternehmer aber um so mehr, weil er das Geld braucht und mit den Behörden auf gutem Fuße stehen bleiben will.

Das dritte Mittel zur Lösung der Streitigkeiten ist die Anrufung eines Schiedsgerichts von Sachverständigen; dieses Rechtsmittel arbeitet am schnellsten und billigsten. In der Regel — so schreibt der § 29 der preußischen Submissionsbestimmungen vor — sollen zwei Schiedsrichter ernannt werden, einer von der Behörde und einer von dem Unternehmer, welche beide dann einen Obmann wählen. Trotzdem kam es vor, daß in den Kontrakt die Bestimmung aufgenommen wurde, daß nur ein Schiedsrichter fungieren soll, der dann natürlich von der Behörde ernannt wird. Auch um Beseitigung dieses Mißstandes, der im Preußischen Abgeordnetenhause am 18. Januar 1908 vom Abgeordneten Hammer zur Sprache gebracht wurde, hat der Innungsverband Deutscher Baugewerksmeister in seiner bereits oben erwähnten Petition vom Herbst 1907 beim Preußischen Minister nachgesucht, woraufhin dieser nochmals die Bauverwaltungen darauf aufmerksam machte, daß nur ausnahmweise und in besonderen Fällen die Aufstellung eines Einzelschiedsrichters Platz greifen soll. Ein Einzelschiedsrichter wird eben im allgemeinen, besonders wenn er demselben Ressort angehört, unwillkürlich einen einseitigen Standpunkt einnehmen, und der Unternehmer wird, selbst wenn er in dem Rechtsstreite, ganz objektiv betrachtet, gerechterweise unterliegt, die vorgefaßte Meinung haben, daß ihm von seiten der Behörde ein Unrecht widerfahren ist. Daher ist es für beide Vertragsparteien besser, wenn das Schiedsgericht ordnungsgemäß besetzt wird; das gute Einvernehmen zwischen Bauherrschaft und Unternehmer wird besser aufrecht erhalten, und letzterer sieht sich nicht gezwungen, auf andere Weise sich schadlos zu halten, wenn er von vornherein weiß, daß bei etwaigen Differenzen eine objektive Entscheidung in Aussicht steht.

Unter dem bisher Gesagten sind folgende Faktoren als diejenigen zu bezeichnen, die hauptsächlich zur Gesundung des Tiefbaugewerbes beitragen werden:

1. Die einheitliche Regelung des Verdingungswesens und die Beseitigung der ihm anhaftenden Mängel.
2. Gerechte Bauverträge.
3. Unparteiische Schiedsgerichte.
4. Die Aufnahme einer Lohnklausel in die Bauverträge.
5. Die Anerkennung der Tarifverträge.
6. Die unbedingte Ablehnung der Streikklausel seitens der Behörden.

Diese Bestrebungen könnten wohl am schnellsten und wirksamsten durch einen engen und lückenlosen Zusammenschluß der Tiefbauunternehmer ihrer Verwirklichung entgegengeführt werden; auch die maßgebenden Behörden werden sich nicht weigern, der Beseitigung der bestehenden Mängel zuzustimmen und selbst daran mitzuarbeiten, sobald sie sich einer geschlossenen Organisation gegenübersehen, die ihnen die Gewähr dafür bieten kann, daß sowohl die beiderseitigen Interessen als auch die der Arbeiterschaft nicht nur nicht geschmälert, sondern auch noch besser gewahrt werden können als vorher.

Anlage 1.

Allgemeine Bestimmungen
über die
Arbeiter-Fürsorge beim Bau des Ems-Weser-Kanals
(Bevergern-Hannover).

I. Fürsorge für die Unterkunft der Arbeitnehmer.

(1) Der Unternehmer hat dafür zu sorgen, daß seine Arbeitnehmer angemessene Unterkunft finden. Soweit sie diese in geeigneten Privatquartieren nicht finden, sind sie in Baracken unterzubringen.

Der Unternehmer ist verpflichtet, in seinen Baracken, soweit es die Verhältnisse gestatten, auf Erfordern Arbeitnehmer der Bauverwaltung gegen das übliche Entgelt aufzunehmen.

(2) Für etwa beschäftigte Ausländer hat der Unternehmer tunlichst besondere Unterkunftsräume zu schaffen, in denen sie getrennt von den inländischen Arbeitnehmern untergebracht werden.

(3) Für die in Pritvatquartieren liegenden Arbeitnehmer ist ein Aufenthaltsraum für den Sonntag und die sonstigen arbeitsfreien Tage zu beschaffen, damit sie nicht zum Besuch des Wirtshauses verleitet werden. In der Regel wird dazu der Aufenthaltsraum der nächstgelegenen Baracke dienen können.

II. Bau und Einrichtung der Unterkunftsbaracken.

(1) Plan, Zeichnung und Kostenüberschlag für jede zu errichtende Unterkunftsbaracke nebst den dazu gehörigen Nebenanlagen, desgleichen für die Kantinen, sowie event. für jedes Barackenlager, sind vorher der Bauverwaltung zur Genehmigung einzureichen.

(2) Beschaffenheit und Benutzung der Unterkunftsbaracken müssen, sofern nicht weitergehende gesetzliche oder polizeiliche Anforderungen bestehen, mindestens den nachfolgenden Anforderungen entsprechen:

(3) Die Unterkunftsbaracken müssen den Arbeitern ein gesundes, ausreichenden Schutz gegen alle Witterungseinflüsse bietendes Unterkommen sowohl für die Tages als auch für die Nachtzeit gewähren. Sie müssen dichte Wände und Holzfußböden sowie ein regendichtes Dach besitzen. Mehr als 25 Personen sind in einem Schlafraum nicht unterzubringen. Jeder Schlafraum ist mit besonderem Eingange anzulegen. Auch auf die Beschaffung von Schlafräumen für eine geringere Anzahl von Arbeitnehmern ist in den Baracken tunlichst Bedacht zu nehmen.

Durch den Bau kleinerer Baracken oder abgetrennter Barackenteile ist dem Bedürfnis bestimmter Arbeitergruppen (Holländer, Italiener usw.) sowie einzelner Arbeiterfamilien nach gemeinsamer Wirtschaftsführung Rechnung zu tragen.

(4) Türen, Fenster und Gänge sind derart einzurichten, daß bei etwaiger Feuersgefahr ein schnelles Verlassen der Baracken möglich ist.

Zahl und Größe der öffnungsfähigen Fenster müssen in einem angemessenen Verhältnis zur Größe des Raumes stehen. Für jede Person ist mindestens eine Grundfläche des Schlafraumes von 3 qm und ein Luftraum von 8 cbm zu rechnen.

Bei schwimmenden Baracken kann eine Unterschreitung der vorstehenden Zahlen zugelassen werden.

(5) In jeder Unterkunftsbaracke ist außer den Schlafräumen ein entsprechend großer Aufenthaltsraum und ein besonderer, heizbarer Raum zum Trocknen durchnäßter Kleider vorzusehen. Letzterer ist so groß herzustellen, daß auf 4 Arbeiter wenigstens 1 qm Grundfläche entfällt.

Der Unternehmer hat für den Streckenarzt und den Streckengendarm je ein Barackenzimmer oder ein Zimmer seines Bureaus zur Verfügung zu halten, auch für einen Desinfektionsraum Sorge zu tragen.

In den auf längere Dauer berechneten Baracken, in denen mehr als 25 Schlafgäste untergebracht sind, und sonst auf Verlangen der Bauverwaltung ist ein heizbares Krankenzimmer mit mindestens 2 Betten einzurichten. Auf jedes Bett sind mindestens 6 qm Bodenfläche und 20 cbm Luftraum zu rechnen.

(6) In der nächsten Umgebung der Unterkunftsbaracken hat der Unternehmer für Ordnung und Reinlichkeit zu sorgen.

(7) Baracken, die auch in der kälteren Jahreszeit benutzt werden sollen, müssen heizbar sein.

(8) Der Unternehmer hat für gutes und hinreichendes Trink- und Gebrauchswasser in der Nähe der Baracken, event. durch Herstellung von Brunnen, zu sorgen. Um Speisen und Getränke frisch erhalten zu können, ist ein geeigneter Kellerraum vorzusehen.

(9) Abortanlagen sind in einiger Entfernung von den Baracken in besonderen Baulichkeiten unterzubringen, regelmäßig zu entleeren, zu desinfizieren und demnächst wieder zu beseitigen.

(10) Für jeden Schlafgast ist eine Bettstelle von mindestens 0,80 m Breite und 1,90 m Länge mit einem Strohsack und einem Strohkissen, daneben, falls er nicht geeignetes Bettzeug besitzt, auch ein Bettlaken, ferner im Sommer 1, im Winter 2 wollene Decken und einen Überzug für diese und das Kissen vorzuhalten.

Außerdem soll ihm ein kleiner verschließbarer Schrank und ein Waschbecken nebst Handtuch zur Verfügung stehen.

Für eine ausreichende Zahl von Tischen, Stühlen, Schemeln oder Bänken ist zu sorgen.

(11) Bei Ausländern können je nach deren Gewohnheiten, mit Zustimmung der Bauverwaltung, die vorstehenden Einrichtungen durch andere geeignete ersetzt werden.

(12) Die regelmäßige Reinigung der Unterkunftsbaracken, der Bettwäsche, Handtücher usw., sowie die Lieferung des Brennmaterials erfolgt im Auftrage und auf Rechnung des Unternehmers. Es steht ihm aber frei, für die Benutzung der Baracke von den Schlafgästen eine Gebühr zu erheben, deren Höhe die Selbstkosten deckt und von der Bauverwaltung zu genehmigen ist. Die Sorge für hinreichende Beleuchtung liegt dem Unternehmer allein ob. Ein geeigneter Einwohner der Baracke (Aufseher, Schachtmeister, Vorarbeiter und dergl.) ist mit der Aufsicht über die ordnungsmäßige Benutzung, die durch eine besondere von der Bauverwaltung zu genehmigende Hausordnung zu regeln ist, zu betrauen. Es ist diesem wie jedem anderen Barackenbewohner und dessen Familienangehörigen verboten, Handel mit Speisen, Getränken oder anderen Gegenständen zu betreiben.

III. Fürsorge für die Verpflegung der Arbeitnehmer.

(1) Der Unternehmer hat Vorsorge zu treffen, daß seine Arbeitnehmer, soweit ihnen das Essen nicht aus ihrer Häuslichkeit oder aus Privatquartieren zugetragen wird, angemessen verpflegt werden. Liefert er ihnen, event. auf Erfordern der Bauverwaltung, das Essen gegen Entgelt, so unterliegt die allgemeine Zusammen-

stellung des Essens sowie die Preisbestimmung der Genehmigung der Bauverwaltung.

In dieser Beziehung ist auf die Wünsche und Gewohnheiten der Arbeitnehmer tunlichst Rücksicht zu nehmen. Die von den Arbeitnehmern etwa gebildeten Kochgemeinschaften sind durch Beschaffung ausreichender Kochgelegenheit und Erleichterung der Wirtschaftsführung, sowie Entlohnung einer zweckmäßig aus der Mitte der Arbeitnehmer zu wählenden Persönlichkeit, die das Kochen besorgt, nach Möglichkeit zu unterstützen.

(2) Soweit besondere Kantinen nicht errichtet werden, ist, unbeschadet der Bestimmung in Ziffer 1, in Verbindung mit den Unterkunftsbaracken je ein besonderer Koch- und Speiseraum einzurichten; in dem ersteren muß den Arbeitnehmern Gelegenheit zur Zubereitung der Speisen geboten sein. Der letztere kann event. auch als Aufenthaltsraum dienen.

(3) Auf der Baustelle sind zum Schutze der Arbeitnehmer gegen Witterungseinflüsse Unterkunftshütten (Wärmehallen) zu schaffen, in denen auch Gelegenheit zum Kochen oder Erwärmen mitgebrachter Speisen zu geben ist.

Event. ist für das Heranführen warmer Speisen Fürsorge zu treffen.

IV. Errichtung und Betrieb der Kantinen.

(1) Auf größeren Baustellen hat der Unternehmer die erforderlichen Kantinen zu errichten. Die Entscheidung über die Notwendigkeit einer Kantine trifft in Zweifelsfällen die Bauverwaltung.

(2) Die Kantinen dürfen von den Unternehmern nur in eigener Regie durch Verwalter, die gegen festes Gehalt angesteilt sind, nicht durch Pächter betrieben werden. Die Annahme der Kantinenverwalter unterliegt der Genehmigung der Bauverwaltung, auf deren Verlangen diese, wenn sie sich nach dem Ermessen der Bauverwaltung als ungeeignet erweisen, entlassen werden müssen. Von dem Vertriebe alkoholfreier **(aber nicht alkoholischer)** Getränke ist dem Verwalter eine mäßige Tantieme zu gewähren.

(9) Die Übertragung der Kantinenverwaltung an einen gemeinnützigen Verein unter gleichen Voraussetzungen ist mit Genehmigung der Bauverwaltung zulässig, doch bleibt der Unternehmer für den Betrieb stets verantwortlich.

(4) Verpflegung (Frühstück und Mittagessen), überhaupt Speisen, Getränke und sonstige Waren sind nach den Vorschriften der Bauverwaltung und zu den von ihr genehmigten Preisen zu

gewähren. Die Preise, die die Selbstkosten des Unternehmers decken sollen, sind durch Anschlag in der Kantine bekannt zu machen.

Die Gewährung von Kredit bei Verabreichung alkoholhaltiger Getränke ist untersagt.

(5) Die Bauverwaltung hat das Recht, die zur Abgabe an die Arbeitnehmer bereitgehaltenen Lebensmittel, Getränke und sonstige Waren jederzeit einer Untersuchung auf ihre Güte zu unterziehen.

(6) Für jede Kantine ist eine Hausordnung zu erlassen, die der Genehmigung der Bauverwaltung unterliegt.

(7) Der Unternehmer muß es gestatten, daß auch vorübergehend auf der Baustelle beschäftigte Arbeitnehmer anderer Unternehmer oder der Bauverwaltung in den von ihm für seinen Bedarf errichteten Kantinen, soweit es deren Verhältnisse und die Bedürfnisse der eigenen Arbeitnehmer gestatten, verpflegt werden.

(8) Der Unternehmer ist verpflichtet, die Räume der Kantine auf Verlangen der Bauverwaltung zu besonderen Zwecken (Gottesdienst, Vorträge usw.) frei zu geben.

V. Gesundheitliche Fürsorge.

(1) Der Unternehmer hat allen Anforderungen zu entsprechen, die zur Sicherung der Gesundheit der Arbeiter und zur Wahrung der Reinlichkeit auf den Arbeitsstellen sowie in den Baracken und Kantinen von der Bauverwaltung gestellt werden.

(2) Für tunlichste Einschränkung der Arbeitszeit und Sicherung genügender Nachtruhe für die Arbeitnehmer ist Sorge zu tragen. Die jeweilige Festsetzung der täglichen Arbeitszeit und der Ruhepausen ist der Bauverwaltung anzuzeigen.

(3) Die Bauverwaltung behält sich vor, Abkommen mit benachbarten Krankenhäusern zur Aufnahme Schwerkranker zu treffen. Unternehmer, deren Betriebskrankenkassen zugelassen sind, haben für die bei ihnen beschäftigten Arbeitnehmer auf Verlangen der Bauverwaltung in dieses Abkommen einzutreten.

(4) Auf der Baustelle sind die zur ersten Hilfeleistung in dem für den Streckenarzt zur Verfügung zu haltenden Baracken- oder Bureauzimmer sonstige Heil-, Verband-, Transport- und Desinfektionsmittel vorrätig zu halten, soweit sie nach Anordnung der Bauverwaltung erforderlich sind.

(5) Geeigneten Arbeitnehmern ist die Möglichkeit zu bieten, ohne Lohnabzug an der von der Bauverwaltung einzurichtenden

Ausbildung für die erste Hilfeleistung bei Unglücksfällen teilzunehmen.

(6) Soweit angängig, ist für die Badegelegenheit im Freien zu sorgen. In Baracken, die auf längere Dauer berechnet sind, ist die Anlage einer einfachen Brausebadeeinrichtung erwünscht.

VI. Bekämpfung des Alkoholmißbrauchs.

(1) Die Bekämpfung des Alkoholmißbrauchs in den Baracken erfolgt in erster Linie durch die Hausordnungen. Die Verabfolgung von Branntwein morgens vor der Arbeit und abends von 9 Uhr ab ist zu verbieten. Für die weitgehendste Darbietung guter alkoholfreier Getränke (Milch, Tee, Kaffee, Limonade und dergl.) sowie für die unentgeltliche Verabreichung heißen Wassers ist Sorge zu tragen.

(2) Auf der Arbeitsstelle ist das Mitbringen, der Erwerb und Genuß von Branntwein zu verhindern, soweit nicht ausnahmsweise mit besonderer Genehmigung des bauleitenden Beamten die Verabreichung von Branntwein im einzelnen Fall zugelassen ist. Betrunkene sind von der Arbeitsstelle zu entfernen, in Wiederholungsfällen sofort zu entlassen.

(3) Fliegende Händler mit alkoholhaltigen Getränken sind nötigenfalls mit Hilfe der Streckengendarmen von der Arbeitsstelle fern zu halten. Das Angebot wohlfeiler alkoholfreier Getränke auf der Arbeitsstelle ist dagegen tunlichst zu fördern.

(4) Der Unternehmer hat dafür Sorge zu tragen, daß auf der jeweiligen Arbeitsstelle gutes Trinkwasser in ausreichender Menge den Arbeitnehmern kostenlos zur Verfügung steht.

VII. Arbeiterausschüsse.

Arbeiterausschüsse als Vertretungen der Arbeitnehmer können im Einvernehmen mit der Bauverwaltung eingerichtet werden und sind event. auf ihr Erfordern einzurichten.

VIII. Förderung der Sparsamkeit.

(1) Die Löhnung der Arbeitnehmer hat in tunlichster Nähe der Baustelle und so zeitig am Tage zu erfolgen, daß die Arbeitnehmer in der Lage sind, noch am nämlichen Tage Geldbeträge mit der Post abzusenden. Lohnzahlung an Sonn- und Feiertagen, sowie in Gast- oder Schankwirtschaften vorzunehmen, ist verboten. Sie darf in den Kantinen erfolgen, doch muß während der Löhnung der Wirtschaftsbetrieb ruhen.

(2) Der lohnzahlende Beamte des Unternehmers ist zu verpflichten, Ersparnisse der Arbeitnehmer auf ihren Wunsch in Verwahrung zu nehmen, sowie Geldsendungen an die Angehörigen der Arbeitnehmer auf ihre Kosten abzufertigen. In jedem Falle hat eine Eintragung in das Arbeitsbuch zu erfolgen. Eine Gebühr darf nicht erhoben werden.

(3) Für die sichere Verwahrung des Geldes haftet der Unternehmer dem Arbeitnehmer.

IX. Vertragsstrafe.

(1) Für jede bewußte Zuwiderhandlung gegen diese Bestimmungen durch den Unternehmer oder seine Vertreter verpflichtet sich der Unternehmer eine für jeden Fall von der Königlichen Kanalbaudirektion in Hannover festzusetzende Vertragsstrafe im Höchstbetrage von 50 M. (Fünfzig Mark) zu zahlen.

Auch räumt der Unternehmer der Bauverwaltung hiermit das Recht ein, die nach ihrem Ermessen erforderlichen Einrichtungen, welche auf ihr wiederholtes Verlangen von dem Unternehmer nicht ausgeführt worden sind, auf seine Kosten herstellen zu lassen und die nachgewiesenen Kosten, deren Zahlung nicht innerhalb zwei Wochen nach geschehener Aufforderung erfolgt, durch Einbehaltung von Guthaben des Unternehmers oder durch Verwertung der bestellten Sicherheit gemäß § 26 der „Allgemeinen Vertragsbedingungen" einzuziehen.

(2) Die hiernach festgesetzten Vertragsstrafen sind binnen einer Woche nach der Festsetzung portofrei an die Königliche Regierungshauptkasse in Hannover zu zahlen.

(3) Die Bauverwaltung ist berechtigt, die Strafe, deren Zahlung nicht rechtzeitig erfolgt ist, durch Einbehaltung vom Guthaben des Unternehmers oder durch Verwertung der bestellten Sicherheit gemäß § 26 der „Allgemeinen Vertragsbedingungen" einzuziehen.

Anlage 2.

Allgemeine Bestimmungen
über die
Annahme und Entlassung von Arbeitnehmern bei dem Bau des Ems-Weser-Kanals (Bevergern-Hannover).

I. Auswahl.

1. In der Regel sind nur männliche Arbeitnehmer nach vollendetem 17. Lebensjahre anzunehmen. Wenn Väter mit ihren Söhnen in Arbeit treten, genügt für letztere das vollendete 15. Lebensjahr.

Jüngere männliche sowie weibliche Personen dürfen nur ausnahmsweise unter der von Fall zu Fall einzuholenden Zustimmung der Bauverwaltung angenommen werden.

2. Die Arbeitnehmer müssen gesundheitlich zur Arbeit fähig und dürfen nicht mit einer ansteckenden oder abschreckenden Krankheit behaftet sein. Bruchleidende müssen ein Bruchband tragen.

3. Der Arbeitnehmer darf weder aus seinem letzten Arbeitsverhältnis unter Verletzung eingegangener Verpflichtungen geschieden, noch durch ein anderes Arbeitsverhältnis gebunden sein.

Stellt sich nachträglich heraus, daß diese Voraussetzungen für einen Angenommenen nicht zutreffen, so ist er sofort zu entlassen.

4. Die durch ihre Heimatbehörde, durch Arbeitsnachweise, Verpflegungsstationen oder Arbeiterkolonien Empfohlenen sind nach Möglichkeit bei der Annahme zu berücksichtigen.

Zur Beschaffung fehlender Arbeitskräfte ist die Mitwirkung der von der Bauverwaltung bezeichneten Arbeitsnachweise tunlichst in Anspruch zu nehmen.

5. Die Beschäftigung von Korrigenden ist unzulässig, die von Strafgefangenen bedarf der im Einzelfall einzuholenden Genehmigung der Königlichen Kanalbaudirektion in Hannover.

6. Offenbar schlechte Elemente sind bei der Meldung ohne weiteres abzuweisen. Die Annahme von zweifelhaften Personen und Vorbestraften ist nicht unbedingt ausgeschlossen.

7. Den landwirtschaftlichen und gewerblichen Betrieben des Inlandes sollen möglichst keine Arbeiter entzogen werden. Die Unternehmer dürfen daher in Fällen von Arbeitermangel durch Aufrufe landwirtschaftliche und sonstige inländische Arbeiter zu ihren Bauten nicht heranlocken.

8. Sofern zur Befriedigung eines vorhandenen Bedürfnisses nach Arbeitsgelegenheit die Beschäftigung von inländischen Arbeitern vornehmlich angezeigt erscheint, hat der Unternehmer, unbeschadet der Bestimmungen unter Ziffer 7 auf Anfordern der Bauverwaltung tunlichst inländische geeignete Arbeiter einzustellen.

9. Sonst ist auf Heranziehung ausländischer Arbeiter Bedacht zu nehmen. Kroaten sind jedoch von der Annahme auszuschließen.

10. Zu der Beschäftigung ausländisch-polnischer Arbeiter ist die besondere Genehmigung bei der Königlichen Kanalbaudirektion in Hannover nachzuweisen. In dem Antrag ist die Höchstzahl der Arbeiter, deren Einstellung gewünscht wird, sowie ferner das Bedürfnis ihrer Annahme durch die Darlegung nachzuweisen, daß der Arbeiterbedarf in anderer Weise nicht gedeckt werden kann.

II. Befugnis zur Annahme.

Die Befugnis zur Annahme von Arbeitnehmern darf nur zuverlässigen Angestellten — nicht Schachtmeistern — des Unternehmers übertragen werden, die der ausdrücklichen widerruflichen Bestätigung der Bauverwaltung unterliegen.

III. Verfahren bei der Annahme.

1. Das Arbeitsbuch ist dem Arbeitnehmer bereits bei seiner vorläufigen Annahme unentgeltlich zuzustellen.

2. Die vorläufige Annahme des Arbeitnehmers hat der Unternehmer nach dem Vordruck auf Seite 1 des Arbeitsbuches zu bescheinigen, auch die Personalliste daselbst auszufüllen.

3. Der Unternehmer hat dafür Sorge zu tragen, daß der Arbeitnehmer vor der Einstellung in die Arbeit, soweit nicht Abweichungen von der Bauverwaltung zugelassen werden, dem

Streckenarzt zur gesundheitlichen Prüfung und dem Streckengendarm zur polizeilichen Anmeldung zugeführt, und daß das Ergebnis der Prüfung von diesen in das Arbeitsbuch nach dem Vordruck auf Seite 2 und Seite 3 eingetragen wird. Bestehen hiernach Bedenken gegen die Einstellung des Arbeitnehmers, so ist von seiner Annahme abzusehen und der Arbeitnehmer sofort zu entlassen. Der Unternehmer ist verpflichtet, event. mit Hilfe des Streckengendarmen dafür Sorge zu tragen, daß derartige Personen sofort die Baustellen verlassen.

4. Steht der dauernden Beschäftigung des Arbeitnehmers nichts im Wege, so erfolgt seine endgültige Annahme durch Abschluß des Vertrages nach dem Vordruck auf Seite 4 des Arbeitsbuches. Der Unternehmer hat dort etwaige „besondere Vertragsbedingungen", z. B. über Lohn, Kündigungsfristen und dergl. aufzunehmen. Der Vertrag ist von beiden Parteien unterschriftlich zu vollziehen.

5. Der Unternehmer hat die durch die ärztliche Untersuchung entstehenden Kosten der Bauverwaltung zu erstatten und zwar ohne Rücksicht darauf, ob die Annahme des Arbeitnehmers für zulässig oder für unzulässig erklärt wird.

IV. Entlassung.

1. Die Entlassung eines Arbeitnehmers darf nur von den Personen bewirkt werden, die zu der Annahme von Arbeitnehmern befugt sind.

2. Die Entlassung ist in dem Arbeitsbuch nach dem Vordruck auf Seite 5 zu bescheinigen.

V. Vertragsstrafe.

1. Für jede bewußte Zuwiderhandlung gegen vorstehende Bestimmungen sowie die Vorschriften des Arbeitsbuches durch den Unternehmer oder seinen Vertreter verpflichtet sich der Unternehmer eine für jeden Fall von der Königlichen Kanalbaudirektion in Hannover festzusetzende Vertragsstrafe, soweit Vorschriften über die Annahme von Arbeitnehmern in Frage kommen, bis zum Höchstbetrage von 1000 M. (eintausend Mark), im übrigen bis zum Höchstbetrage von 50 M. (fünfzig Mark) zu zahlen.

2. Sind drei derartige Vertragsstrafen festgesetzt, so ist die Königliche Kanalbaudirektion im nächsten Falle berechtigt, dem Unternehmer gemäß § 13 der „Allgemeinen Vertragsbestimmungen" die Arbeiten zu entziehen.

3. Die Vertragsstrafen sind binnen einer Woche nach der Festsetzung portofrei an die Königliche Regierungshauptkasse in Hannover zu zahlen.

Die Bauverwaltung ist berechtigt, die Strafen, deren Zahlung nicht rechtzeitig erfolgt ist, durch Einbehaltung vom Guthaben des Unternehmers oder durch Verwertung der gemäß § 26 der „Allgemeinen Vertragsbedingungen“ bestellten Sicherheit einzuziehen.

ROSENTHAL & Co., BERLIN S O., RUNGESTR. 20.

www.ingramcontent.com/pod-product-compliance
Lightning Source LLC
LaVergne TN
LVHW081341011026
849161LV00013BB/2972